高等职业教育"十三五"规划教材

工业构筑物构造与识图

主　编　曹丽萍

副主编　赵　鑫　秦慧敏

参　编　吉龙华　李卫文

主　审　蔡红新

北京理工大学出版社

BEIJING INSTITUTE OF TECHNOLOGY PRESS

内 容 简 介

　　全书主要内容包括烟囱认识、倒锥壳水塔认识、冷却塔认识、筒仓认识、贮液池认识五个学习情境，每个学习情境分别以具体的工作对象为载体来设计，以工作任务为中心整合理论与实践，实现理论与实践的一体化，职业技能与职业态度相结合。

　　本书可作为高职高专院校土建类相关专业的教材，也可作为工程技术员学习的参考用书。

图书在版编目(CIP)数据

工业构筑物构造与识图／曹丽萍主编.—北京：北京理工大学出版社，2017.4（2017.5重印）
ISBN 978-7-5682-3761-1

Ⅰ.①工…　Ⅱ.①曹…　Ⅲ.①工业建筑－建筑构造 ②工业建筑－建筑制图－识图　Ⅳ.①TU27

中国版本图书馆CIP数据核字（2017）第043139号

出版发行／北京理工大学出版社有限责任公司

社　　　址／北京市海淀区中关村南大街5号

邮　　　编／100081

电　　　话／(010)68914775(总编室)
　　　　　　　(010)82562903(教材售后服务热线)
　　　　　　　(010)68948351(其他图书服务热线)

网　　　址／http://www.bitpress.com.cn

经　　　销／全国各地新华书店

印　　　刷／北京紫瑞利印刷有限公司

开　　　本／787毫米×1092毫米　1/16

印　　　张／11　　　　　　　　　　　　　　　　　责任编辑／李玉昌

字　　　数／239千字　　　　　　　　　　　　　　　文案编辑／瞿义勇

版　　　次／2017年4月第1版　2017年5月第2次印刷　责任校对／周瑞红

定　　　价／29.00元　　　　　　　　　　　　　　　责任印制／边心超

前　言

　　《工业构筑物构造与识图》是高等职业技术学院建筑工程技术专业的特色学习领域，其目的是让学生了解烟囱、筒仓、水塔、冷却塔和贮液池等工业构筑物的构造特点，掌握各种构筑物的施工图识读方法，从整体上对工业构筑物有个初步认识。其要以砌体结构施工、混凝土结构施工和钢结构施工的学习为基础，也是进一步学习炉窑砌筑施工的基础。

　　本书以建筑工程技术专业学生的就业为导向，并考虑服务区域经济发展，根据行业专家对建筑工程技术专业所涵盖的岗位群进行的任务分析设定学习领域，根据工作任务选择学习情境，根据职业能力选择学习内容。

　　本书内容突出对学生职业能力的训练，理论知识的选取紧紧围绕工作任务完成的需要来进行，并融合了相关职业资格、企业发展对知识、技能和态度的要求。本书涉及五个学习情境，主要包括结构构造和施工图的识读，构建了以提出"任务"、分析"任务"、完成"任务"为主线的学习内容编排方式。本书建议总学时为84学时。

　　本书由山西工程职业技术学院曹丽萍担任主编并进行统稿，由赵鑫、秦慧敏担任副主编，吉龙华、李卫文参与了本书部分章节的编写工作。具体编写分工为：学习单元1.1、1.3和学习情境2、4由曹丽萍编写，学习单元1.2由赵鑫编写，学习单元3.1由吉龙华编写，学习单元3.2由李卫文编写，学习单元5由秦慧敏编写。来自企业的技术人员刘国财、王克政、李阿丽提供了相关工程资料并给予了很大支持。全书由蔡红新主审，并对全书文稿进行了细致地修订，提出了许多宝贵意见，在此表示衷心的感谢！

本书编写过程中，参阅了一些公开出版和发表的文献，谨此一并致谢！

由于编者水平和经验有限，编写时间仓促，书中定有诸多不妥之处，敬请广大读者和同行专家批评指正。

编　者

目 录

学习情境 1　烟囱认识

能说出烟囱的类别及特点；能描述烟囱对材料的要求；能描述烟囱的构造要求；能够看懂烟囱的结构施工图。

了解烟囱的类别及一般规定；熟悉烟囱对材料的要求；掌握烟囱的构造要求；掌握烟囱的结构施工图识读方法；了解烟囱的施工方法。

学习单元 1.1　砖烟囱认识

1.1.1　任务描述

一、工作任务

识读一套砖烟囱结构施工图。

1. 工程说明

本工程为××市××化工有限公司砖烟囱，高度为 50 m。

本工程建筑抗震设防烈度为 7 度，地震加速度为 0.1g，场地类别为 Ⅱ 类，设计风荷载为 0.4 kN/m，地基承载力为 150 kN/m，最高烟气温度为 250 ℃，合理使用年限为 50 年。本工程的烟囱内地坪标高为 ±0.000 m，高出原有厂区场地地坪标高 150 mm，室外地坪标高为 −0.150 m。

材料及施工要求。混凝土强度：素混凝土及垫层为 C10，其他除注明外，基础、梁为 C20。钢筋：φ 为 HPB300 热轧钢筋，Ф 为 HRB335 热轧钢筋。砖砌体：室内地坪以上墙体用 M5 混合砂浆，MU10 标准砖实砌。

2. 具体工作任务

(1)通过识读砖烟囱的立面图及剖面图，说出烟囱的高度、筒壁厚度、坡度、顶口内径、筒壁的组成。

（2）通过识读环形温度钢筋配置图，描述环形钢筋的形式、长度及分布。

（3）通过识读砖烟囱的节点详图，描述出环形悬臂处的做法、灰孔及烟道孔的加固框的做法，并正确计算钢筋材料表。

（4）通过识读砖烟囱的竖向钢筋布置图，描述竖向钢筋的布置方式及搭接方式。

（5）通过识读基础图，判断基础类型并说出其特点。

3. 工程图纸

工程图纸主要包括：砖烟囱筒身布置图，基础平面图，筒身环筋、竖向钢筋配置图，如图 1-1～图 1-5 所示。

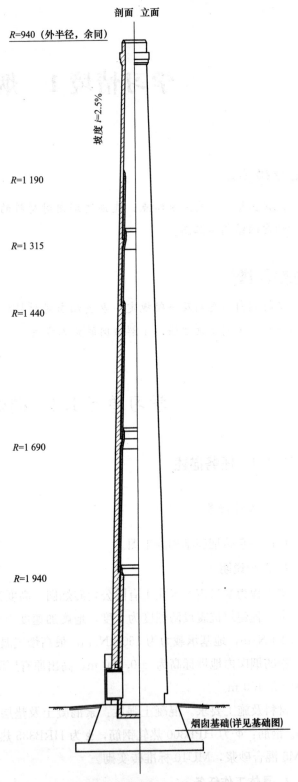

剖面 立面

R=940（外半径，余同）

坡度 i=2.5%

R=1 190

R=1 315

R=1 440

R=1 690

R=1 940

烟囱基础(详见基础图)

烟囱筒身布置图　1∶100

图 1-1　砖烟囱筒身布置图

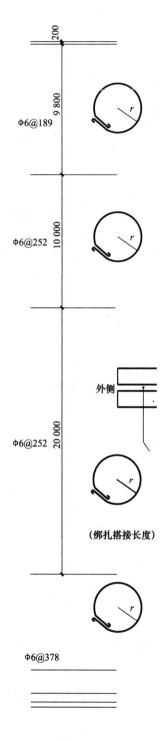

环形温度钢筋配置图

图 1-2 环形温度钢筋配置图

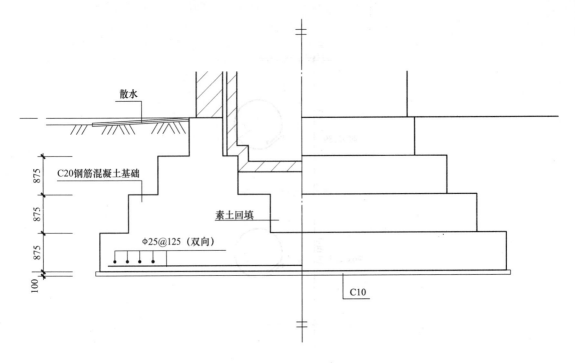

散水

C20钢筋混凝土基础

素土回填

Φ25@125（双向）

C10

875

875

875

100

烟囱基础立面图

图 1-3　烟囱基础立面图

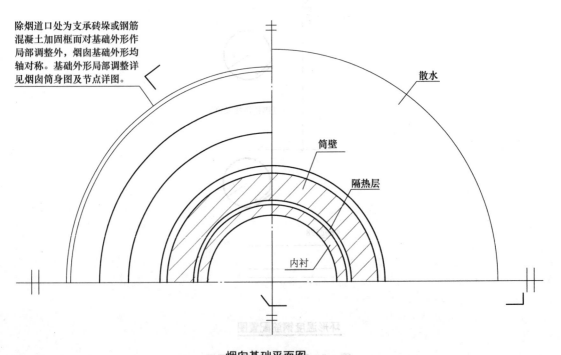

除烟道口处为支承砖垛或钢筋
混凝土加固框而对基础外形作
局部调整外，烟囱基础外形均
轴对称。基础外形局部调整详
见烟囱筒身图及节点详图。

散水

筒壁

隔热层

内衬

烟囱基础平面图

图 1-4　烟囱基础平面图

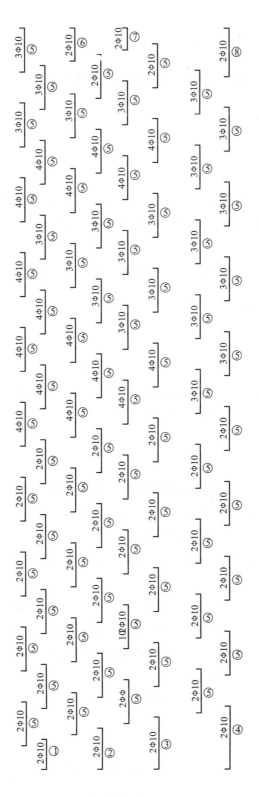

抗震设计竖向钢筋配置图　　1:100

图 1-5　抗震设计竖向钢筋配置图

二、可选工作手段

烟囱设计规范、砖烟囱标准图集、砖烟囱施工手册等。

1.1.2 案例示范

一、案例描述

某砖烟囱工程，高度为 50 m，顶部出口内径为 1.4 m，烟气温度为 400 ℃，基本风压为 0.35 kN/m²，抗震设防烈度为 8 度，基础条件为均匀的黏性土，基础埋深为 3 m，烟道口及出灰孔各一个。

本工程适用于热力锅炉和技术条件与之相适应的工业炉窑排气。

二、案例分析及实施

1. 案例分析

砖烟囱工程图如图 1-6～图 1-11 所示，包括筒身环向、竖向配筋布置图、基础等图。

在认识砖烟囱时，要了解砖烟囱的组成、材料要求、各部分的构造要求，完成本套砖烟囱施工图的识读任务，并熟悉砖烟囱的施工要点。

2. 案例实施

在具体实施时，要注意以下问题：

(1)认真阅读设计说明，对砖烟囱的总体概况有所了解，如烟囱的高度，应用于什么工业，有何特殊要求，各部分的材料要求如何，施工注意事项等。

(2)砖烟囱的组成，各组成部分的作用。

(3)砖烟囱的高度，不同高度的直径、筒壁的厚度及有无变化，隔热层与内衬的厚度以及沿高度方向的变化。

(4)筒身环向钢筋是如何布置的，有何构造要求，理解环向钢筋材料表。

(5)筒身竖向钢筋是如何布置的，怎样分段，怎样搭接，理解竖向钢筋材料表。

(6)筒身各节点详图，有何特点，有何共性，在筒首有何构造要求。

(7)筒身环形悬臂的构造及配筋。

(8)烟道口的加固框详图及其构造要求。

(9)基础的类型，有何特点。

(10)了解爬梯的制作及安装。

(11)了解避雷设施的布置情况，简单了解其安装要点。

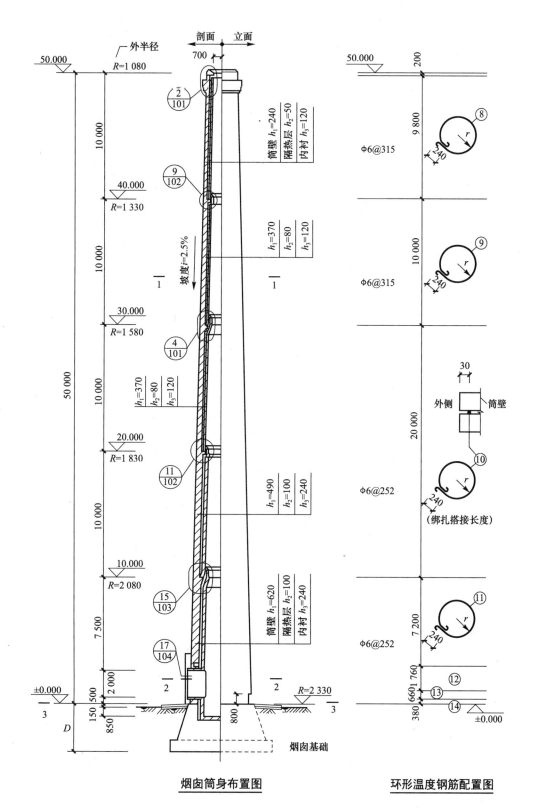

烟囱筒身布置图

环形温度钢筋配置图

图 1-6 砖烟囱工程图(一)

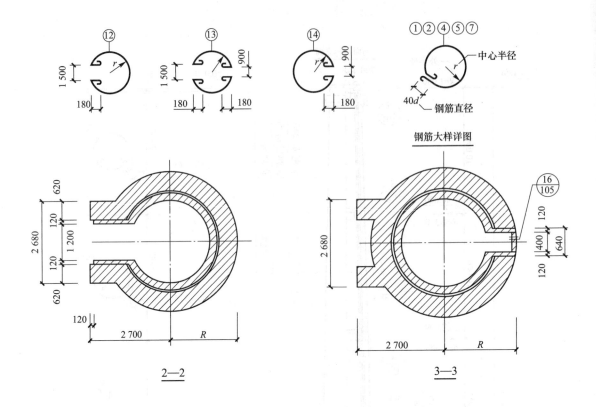

图 1-7 砖烟囱工程图(二)

			钢筋明细表				
类别	编号	直径	钢筋形式	弯钩	长度/mm	数量	总长度/m
节点②⑱	1	Φ12	$r=\sim1\,043$, $L=\sim7\,035$	210	$\sim7\,245$	3	21.8
	2	Φ10	$r=\sim876$, $L=\sim5\,905$	180	$\sim6\,085$	3	18.3
	3	Φ6	150 190 320 200	100	960	31	29.8
	4	Φ12	$r=\sim1\,980$, $L=\sim12\,925$	210	$\sim13\,135$	3	39.4
	5	Φ10	$r=\sim1\,673$, $L=\sim10\,915$	180	$\sim11\,095$	2	22.2
	6	Φ6	330 190	100	1 140	59	67.3
	7	Φ6	$r=\sim1\,170$, $L=\sim7\,595$	100	$\sim7\,695$	6	46.2
环形温度钢筋	8	Φ6	$r=\sim1\,175$, $L=\sim7\,625$	100	$\sim7\,725$	33	255.0
	9	Φ6	$r=\sim1\,425$, $L=\sim9\,195$	100	$\sim9\,295$	32	297.5
	10	Φ6	$r=\sim1\,800$, $L=\sim11\,550$	100	$\sim11\,650$	80	932.0
	11	Φ6	$r=\sim2\,140$, $L=\sim13\,690$	100	$\sim13\,790$	29	400.0
	12	Φ6	$r=\sim2\,252$, $L=\sim13\,010$	100	$\sim13\,110$	7	91.8
	13	Φ6	$r=\sim2\,283$, $L=\sim6\,335$	100	$\sim6\,435$	6	38.6
	14	Φ6	$r=\sim2\,296$, $L=\sim13\,890$	100	$\sim13\,990$	2	28.0

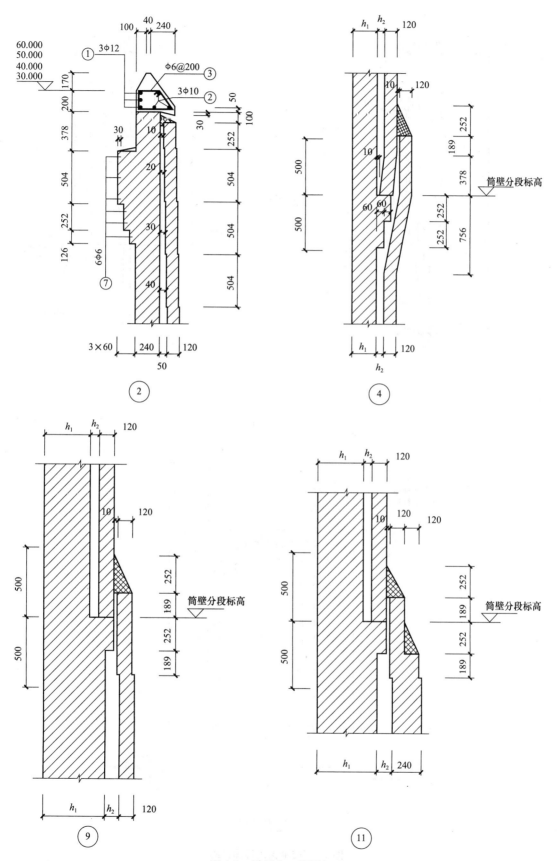

图 1-8　砖烟囱工程图(三)

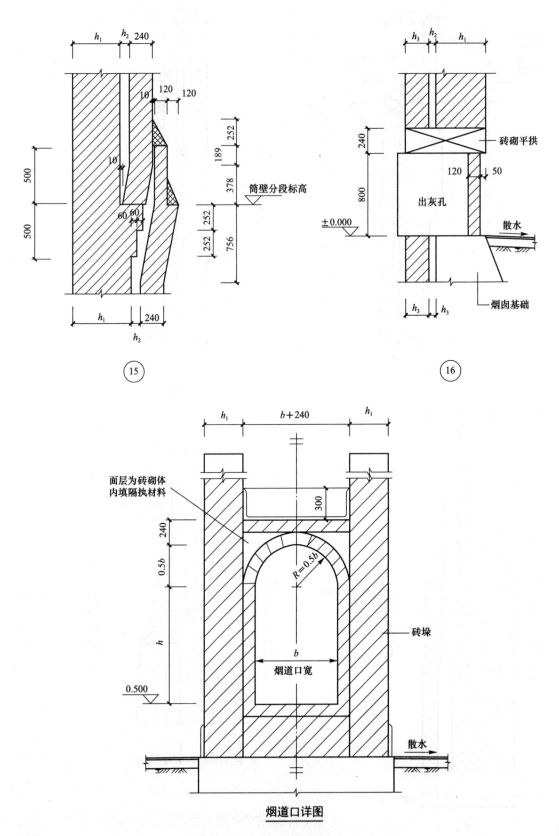

图 1-9　砖烟囱工程图(四)

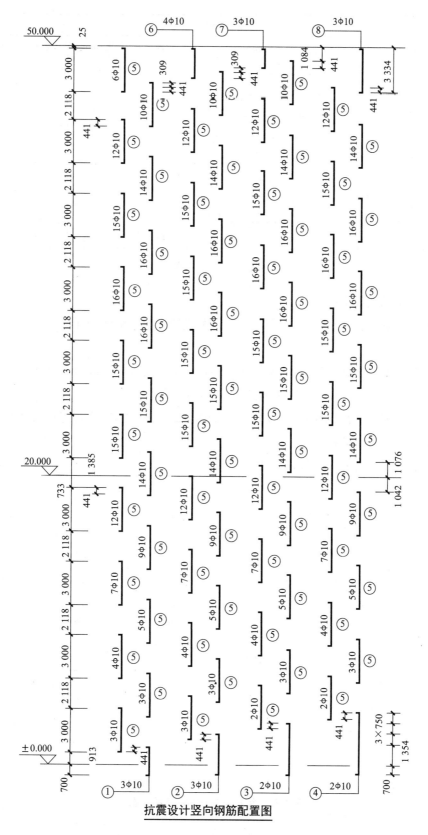

抗震设计竖向钢筋配置图

图 1-10 砖烟囱工程图(五)

钢筋明细表							
类别	编号	直径	钢筋形式	弯钩	长度/mm	数量	总长度/m
7度Ⅲ类场地(a_{max}=0.12)及8度Ⅱ类场地	1	Φ10	60 └ 2 054 ┘ 60		2 174	3	6.6
	2	Φ10	60 └ 2 804 ┘ 60		2 924	3	8.8
	3	Φ10	60 └ 3 554 ┘ 60		3 674	2	7.4
	4	Φ10	60 └ 4 304 ┘ 60		4 424	2	8.9
	5	Φ10	60 └ 3 000 ┘ 60		3 120	798	2 489.8
	6	Φ10	60 └ 2 250 ┘ 60		2 370	4	9.5
	7	Φ10	60 └ 1 500 ┘ 60		1 620	3	4.9
	8	Φ10	60 └ 2 054 ┘ 60		3 429	3	10.3
	9	Φ8	$r=\sim1\ 585,\ L=\sim10\ 280$	140	~10 420	101	1 052.5

图 1-11 砖烟囱工程图(六)

竖向钢筋配筋图说明:

(1)位于非地震区的砖烟囱,烟囱筒身可仅配置环形温度钢筋和环形钢筋,不需配置竖向钢筋。

(2)筒身竖向钢筋均配置于离筒壁外侧 120 mm 位置处,同一截面内钢筋搭接接头根数不超过钢筋总根数的 25%,钢筋在搭接范围内用铅丝绑牢。

(3)在竖向钢筋配置范围内,均设置环形钢筋 Φ8@504(8 皮砖)固定竖向钢筋,环形钢筋的形式和环形温度钢筋相同。

(4)筒身竖向钢筋的连接详图,如图 1-12 所示。

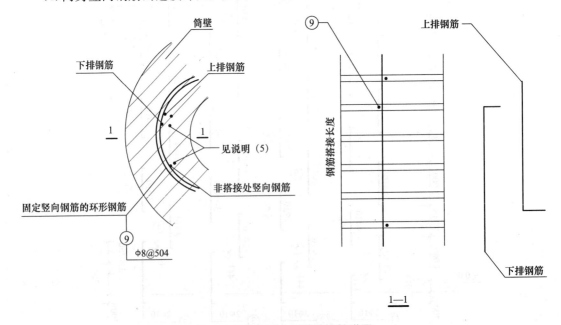

图 1-12 筒身竖向钢筋的连接详图

(5)需伸入±0.000以下的筒身竖向钢筋(对毛石砌体基础,为便于钢筋锚固,基础顶部750 mm高改用强度等级为C15素混凝土材料),应于烟囱基础施工时埋入。

(6)图1-11所示的筒身竖向钢筋根数未知,扣除孔洞截断处,均需参照同类型钢筋形式作直角弯折和弯钩,孔洞处截断钢筋的保护层厚度为30 mm。

从图1-13所示的烟囱基础图来看,基础属于圆板式刚性基础,只在基础底板配筋,基础环壁均为素混凝土。砖烟囱多用刚性基础。

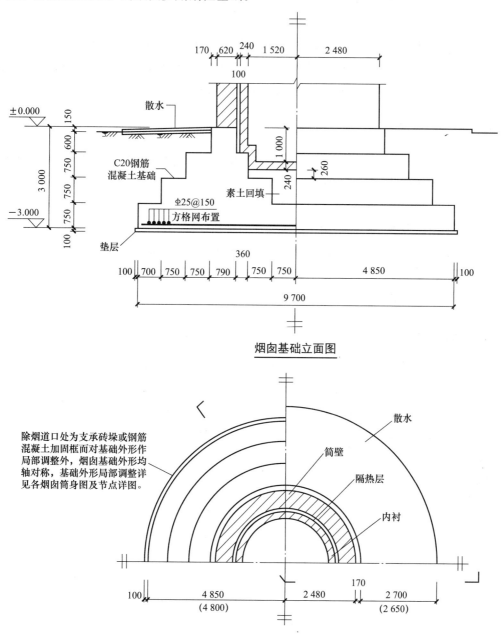

烟囱基础立面图

烟囱基础平面图

图 1-13　烟囱基础图

1.1.3 知识链接

一、烟囱简介

烟囱是工业与民用建筑中最常见的一种高耸构筑物，特别是锅炉房、电力、冶金、化工等企业中必不可少的附属建筑，用于排放工业与民用的炉窑高温烟气，能改善燃烧条件，减轻烟气对环境的污染。

目前，我国最高的单筒式钢筋混凝土烟囱为 210 m，最高的多筒式钢筋混凝土烟囱是秦岭电厂 212 m 高的四筒式烟囱。目前，世界上已建成的高度超过 300 m 的烟囱达数十座，例如，米切尔电站的单筒式钢筋混凝土烟囱高达 368 m。

二、烟囱的构造

烟囱由基础、筒壁、内衬隔热层以及附属设施（爬梯、避雷设备、信号灯平台、休息平台、检修平台）组成，如图 1-14 所示。

筒身指烟囱基础以上的部分，包括筒壁、隔热层和内衬等。

筒壁是烟囱筒身最外层的结构，用于保证筒身稳定。

隔热层置于筒壁与内衬之间，使筒壁受热温度不超过规定的最高温度。

内衬是分段支承在筒壁牛腿之上的自承重砌体结构，对隔热层起到保护作用。

烟道是排烟系统的一部分，用于将烟气从炉窑导入烟囱。

三、烟囱的分类

(1)常见的烟囱一般有砖烟囱、钢筋混凝土烟囱和钢烟囱三类。

1)砖烟囱是筒壁材质为砖砌体的烟囱。

2)钢筋混凝土烟囱是筒壁材质为钢筋混凝土的烟囱。

3)钢烟囱是筒壁材质为钢材的烟囱。

(2)烟囱的形式有单筒式、套筒式和多筒式。

1)单筒式烟囱是内衬分段支承在筒壁上的普通烟囱。

2)套筒式烟囱是筒壁内设置一个排烟筒的烟囱。

3)多筒式烟囱是两个或多个排烟筒共用一个筒壁或塔架组成的烟囱。

四、砖烟囱一般规定

(1)砖烟囱的高度一般不超过 60 m，断面形式分为圆形和方形两种。其中，方形断面仅适用于低矮烟囱，多数情况下采用圆形断面。

下列情况不宜采用砖烟囱：

1)重要的或高度大于 60 m 的烟囱。

2)地震设防烈度为 9 度时的烟囱。

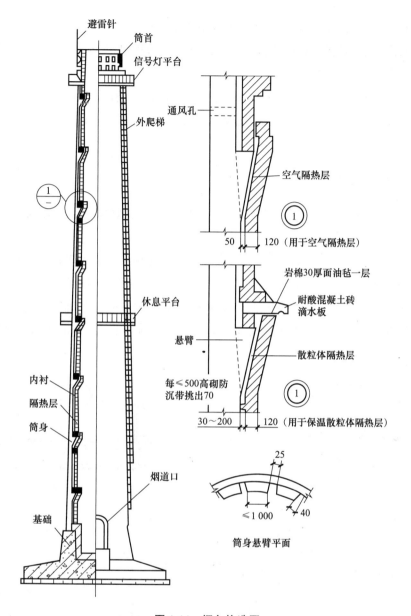

图 1-14　烟囱构造图

3) 地震设防烈度为 8 度时，Ⅲ、Ⅳ类场地的烟囱。

(2) 砖筒壁的最高受热温度不应超过 400 ℃。

(3) 材料。

1) 砖烟囱筒壁的材料。普通烧结砖强度等级不应低于 MU10，水泥石灰混合砂浆强度等级不应低于 M5；普通烧结砖宜选用异型砖，以使砖缝砌筑均匀密实。砖筒壁的环筋宜采用 HPB300 级钢筋。

2) 烟囱及烟道的内衬材料可按下列规定采用：当烟气温度低于 400 ℃时，可采用强度等级为 MU10 的烧结普通砖和强度等级为 M2.5 的混合砂浆；当烟气温度为 400 ℃～500 ℃时，可采用强度等级为 MU10 的烧结普通砖和耐热砂浆；当烟气温度高于 500 ℃时，可采用黏土质耐火砖和黏土质火泥泥浆，也可采用耐热混凝土。

3)筒壁与内衬之间的隔热层材料采用无机材料。当烟气温度为 250 ℃时，可采用岩棉、矿渣棉或水泥膨胀珍珠岩制成品。

4)基础材料。石砌基础材料应采用未风化的天然石材。若采用混凝土基础应按下列规定采用：刚性基础不应低于 C15；板式基础不应低于 C20；壳体基础不应低于 C30；烟道不应低于 C20。

五、砖烟囱构造规定

砖烟囱构造包括基础、筒壁、内衬隔热层以及附属设施(爬梯、避雷设备、信号灯平台、休息平台、检修平台)。

(1)基础。基础形式有环形板式、圆形板式、壳体几种。通常大多数为环形或圆形板式基础，由底板和环壁组成，如图 1-15 所示，在基础底板与通入烟道的连接处设置沉降缝。在地基条件较好，且烟道不通过基础时，多采用环形板式基础。基础直径为 8～32 m，深度根据土质情况、地下水位及烟道的位置确定。基础底板下设 100 mm 厚 C10 的混凝土垫

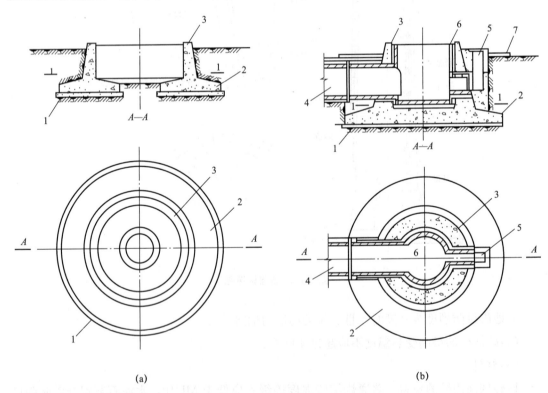

(a)   (b)

图 1-15　基础形式

(a)环形板式基础；(b)圆形板式基础

1—垫层；2—底板；3—环壁；4—烟道口；5—孔；6—内衬；7—排水坡

注：1—1 为施工缝位置

层。基础底板内配直径不小于 10 mm、间距 250～300 mm 的辐射形钢筋和环形钢筋，或直径不小于 9 mm、间距为 250 mm 的焊接钢筋网。环壁部分配直径不小于 12 mm、间距为 300 mm 垂直钢筋和直径不小于 10 mm、间距为 200 mm 的水平钢筋。垂直钢筋一般分为四组，每组高差为 1.25 m，并伸出环壁，以便与筒壁钢筋连接。

高大烟囱基础有的采用各种薄壳基础(图 1-16)，如 M 形组合壳基础、截锥组合壳基础、正倒锥组合壳基础等。由于施工技术比较复杂，质量要求严，薄壳基础的使用尚不普遍。

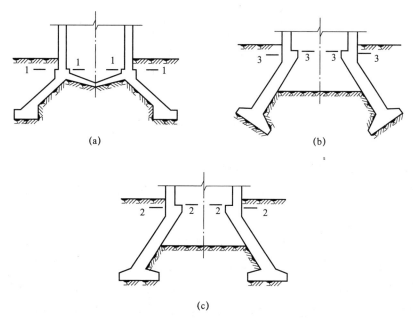

图 1-16 烟囱壳体基础形式与构造

(a)M 形组合壳基础；(b)正倒锥组合壳基础；(c)截锥组合壳基础

注：1—1，2—2，3—3 为施工缝位置

(2)筒壁。砖烟囱的筒壁宜设计成截顶圆锥形，筒壁坡度、分节高度和壁厚应符合下列规定：

1)筒壁坡度宜采用 2%～3%。

2)分节高度不宜超过 15 m。

3)筒壁厚度应按下列原则确定：

①筒壁内径小于或等于 3.5 m 时，筒壁最小厚度应为 240 mm；当内径大于 3.5 m 时，最小厚度应为 370 mm。

②当设平台时，平台处筒壁厚度宜大于或等于 370 mm。

③筒壁厚度可按分节高度自下而上减薄，但同一节厚度应相同。

④筒壁顶部应向外局部加厚，总加厚厚度以 180 mm 为宜，并应以阶梯形向外挑出，每阶挑出不宜超过 60 mm，加厚部分的上部以 1∶3 水泥砂浆抹成排水坡，如图 1-17 所示。

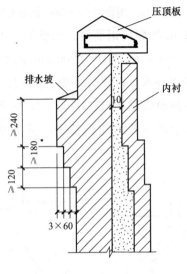

图 1-17　筒首构造图

（3）内衬。烟囱内衬的设置应符合下列规定：

1）当烟气温度大于 400 ℃时，内衬应沿筒壁全高设置；内衬到顶的烟囱宜设钢筋混凝土压顶板。

2）当烟气温度小于或等于 400 ℃时，内衬可在筒壁下部局部设置，当砖烟囱下部局部设置内衬时，其最低设置高度应超过烟道孔顶，超过高度不宜小于 1/2 孔高。

3）内衬厚度应由温度计算确定，但烟道进口处 1 节点厚度（或基础）不应小于 200 mm 或 1 砖，其他各节不应小于 100 mm 或半砖。内衬各节的搭接长度不应小于 300 mm 或 6 皮砖，如图 1-18 所示。

支承内衬的环形悬臂应在筒身分节处以阶梯形向内挑出，每阶挑出不宜超过 60 mm，挑出总高度应由剪切计算确定，但最上阶高度不应小于 240 mm。

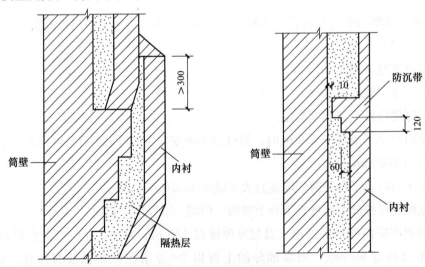

图 1-18　内衬搭接长度和防沉带

（4）隔热层。如采用空气隔热层时，厚度宜为 50 mm，同时，在内衬靠筒壁一侧按竖向间距为 1 m、环向间距为 500 mm 挑出顶砖，顶砖与筒壁间应留出 10 mm 缝隙。

填料隔热层的厚度宜采用 80～200 mm，同时，应在内衬上设置间距为 1.5～2.5 m 的整圈防沉带，防沉带与筒壁之间留出 10 mm 的温度缝。

（5）筒壁上的孔洞设置应符合下列规定。

1）在同一平面设置孔洞时，宜对称布置。

2）孔洞对应圆心角不应超过 50°。孔洞宽度不大于 1.2 m 时，孔洞宜采用半圆拱；孔洞宽度大于 1.2 m 时，宜在孔顶设置钢筋混凝土圈梁。

3）配置环箍或环筋的砖筒壁，在孔洞上下砌体中应配置直径为 6 mm 环向钢筋，其截面面积不应小于被切断的环箍或环筋的截面面积。

4）当孔洞较大时，宜设砖垛加强。

（6）筒壁与钢筋混凝土基础接触处，当基础环壁内表面温度大于 100 ℃时，在筒壁根部 1.0 m 范围内，宜将环向配筋或环箍增加 1 倍。

（7）按计算配置的环向钢箍，间距宜为 0.5～1.5 m。按构造配置环箍，间距不宜大于 1.5 m。环箍的宽度不宜小于 60 mm，厚度不宜小于 6 mm。每圈环箍接头不应少于两个，每段长度不宜超过 5 m。环箍接头的螺栓宜采用 Q235 材料，其净截面面积不应小于环箍截面面积。环箍接头位置应沿筒壁高度互相错开。

（8）按计算配置的环向钢筋，直径宜为 6～8 mm，间距不少于 3 皮砖，且不大于 8 皮砖，按构造配置的环向钢筋，直径宜为 6 mm，间距不应大于 8 皮砖。同一平面内环向钢筋不宜多于 2 根，2 根钢筋的间距为 30 mm。钢筋搭接长度应为 40d，接头位置应互相错开。钢筋保护层为 30 mm，如图 1-19 所示。

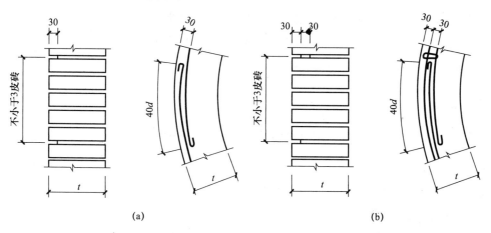

图 1-19　环向钢筋的布置(mm)

(a)单根环筋；(b)双根环筋

（9）在环形悬臂和筒壁顶部加厚范围内，环向钢筋应适当增加。

（10）地震区的砖烟囱，其最小配筋率不应小于表 1-1 的规定。

表 1-1　地震区砖烟囱上部的最小配筋

配筋方式	烈度和场地类别		
	6 度 Ⅲ、Ⅳ类场地	7 度 Ⅰ、Ⅱ类场地	7 度 Ⅲ、Ⅳ类场地 8 度 Ⅰ、Ⅱ类场地
配筋范围	0.5H 到顶端	0.5H 到顶端	$H \leqslant 30$ m 时全高 $H > 30$ m 时由 0.4H 到顶端
竖向钢筋	φ8，间距 500～700 mm，且不少于 6 根	φ10，间距 500～700 mm，且不少于 6 根	φ10，间距 500 mm，且不少于 6 根

注：1. 竖向钢筋接头搭接 40 倍钢筋直径，钢筋在搭接范围内用铅丝绑牢，钢筋应设直角弯钩。

2. 烟囱顶部应设钢筋混凝土压顶圈梁以锚固竖向钢筋。

3. 竖向钢筋配置在距筒壁外表面 120 mm 处。

(11)烟囱的同一平面内，有两个烟道口时，宜设置隔烟墙，其高度应超过烟道孔顶，超出高度不小于 1/2 孔高。隔烟墙厚度应根据烟气压力进行计算确定。

(12)烟囱外表面的爬梯应按下列规定设置：

1)爬梯应离地面 2.5 m 处开始设置，直至烟囱顶端。

2)爬梯应设置在常年主导风向的上风向。

3)爬梯的围栏应按下列规定设置：烟囱高度小于 40 m 时，可不设置；烟囱高度大于 40 m 时，从 15 m 处开始设置。

4)烟囱高度大于 40 m 时，应在爬梯上设置活动休息板，其间隔不应超过 30 m。

(13)无特殊要求砖烟囱一般不设置检修平台和信号灯平台。

(14)爬梯等金属构件应取防腐措施。爬梯与筒壁连接应牢固可靠。

(15)烟囱应设置清灰孔及防雷设施。

六、烟道

烟道是排烟系统的一部分，用以将烟气从炉窑导入烟囱。

1. 烟道的类型

烟道可分为地下烟道、地面烟道、架空烟道三种类型。

2. 烟道的材料选择

烟道的材料选择，宜符合下列规定：

(1)下列情况地下烟道宜采用钢筋混凝土烟道：净空尺寸较大；地面荷载较大或有汽车、火车通过；有防水要求。

(2)除上述情况外，地下烟道及地面烟道可采用砖砌烟道。

(3)架空烟道宜采用钢筋混凝土结构，也可采用钢烟道。

3. 烟道的结构形式

烟道的结构形式，宜按下列规定采用：

(1)砖砌烟道的顶部宜做成半圆拱。

(2)钢筋混凝土烟道宜做成箱形封闭框架，也可做成槽形，顶盖为预制板。

(3)钢烟道宜设置成圆筒形或矩形。

4. 烟道的计算

(1)最高受热温度计算。计算出的最高受热温度，应小于或等于材料的允许受热温度。

(2)结构承载能力极限状态计算。对钢筋混凝土架空烟道还应验算烟道沿纵向弯曲产生的挠度和裂缝宽度。

5. 地下烟道与周围设施的距离

地下烟道应与厂房柱基础、设备基础、电缆沟等保持一定距离，一般可按表1-2确定。

表 1-2　地下烟道与周围设施的距离

烟气温度/℃	<200	200～400	401～600	601～800
距离/m	≥0.1	≥0.2	≥0.4	≥0.5

6. 烟道的构造

(1)地下砖烟道的顶拱中心夹角一般为 60°～90°，顶拱厚度不应小于 1 砖，侧墙厚度不应小于 $1\frac{1}{2}$ 砖。

(2)砖烟道(包括地下及地面砖烟道)所采用的砖的强度等级不应低于 MU10，砂浆的强度等级不应低于 M2.5 当温度较高时应采用耐热砂浆。

(3)地下及地面烟道均宜设内衬和隔热层。砖内衬的顶应做成拱形，其拱角应向烟道侧壁伸出，并与烟道侧壁留 10 mm 的空隙。

(4)不设内衬的烟道，应在烟道内表面抹黏土保护层。

(5)当为封闭式箱形钢筋混凝土烟道时，拱形砖内衬的拱顶，至烟道顶板底表面，应留有不小于 150 mm 的空隙。

(6)烟道与炉子基础及烟囱基础连接处，应设置沉降缝。对于地下烟道，在地面荷载变化较大处，也应设置沉降缝。

(7)较长的烟道应设置伸缩缝。地面及地下烟道的伸缩缝最大的间距为 20 m，架空烟道一般不超过 25 m，缝宽为 20～30 mm。缝中应填塞石棉绳等可压缩的耐高温材料。当有防水要求时，应按防水温度缝处理。地震区的架空烟道与烟囱之间防震缝的宽度不应小于 70 mm。

(8)连接引风机和烟囱之间的钢烟道，应设置补偿器。

学习单元 1.2　钢筋混凝土烟囱认识

1.2.1　任务描述

一、工作任务

识读一套钢筋混凝土烟囱结构施工图。

1. 钢筋混凝土烟囱工程图说明

(1)设计参数。±0.000 相当于绝对标高 5.000 m；基本风压：0.5 kPa；抗震设防烈度：7 度；平台设计活荷载：钢平台为 2 kN/m²，积灰平台为 30 kN/m²；烟气温度：正常工况为 123 ℃，事故工况为 350 ℃。

(2)烟囱结构形式。180 m 钢筋混凝土单筒烟囱。

(3)材料。钢材：Q235；钢筋：HPB300、HRB335；混凝土：C35；内衬：耐酸陶土砖；隔热层：憎水性珍珠岩。

(4)施工要求。浇筑混凝土应密实，水胶比不大于 0.5，每立方米混凝土水泥用量不应超过 450 kg；筒身要求连续施工可靠结合，必要时只允许留设水平施工缝，在施工缝处应认真处理，确保混凝土密实，前后浇筑的混凝土应可靠结合；筒身采用滑模施工时，滑升速度应根据试验与实际情况确定，滑升出模的混凝土不得出现蜂窝、麻面及空洞，应有足够的强度，不塌落，不拉裂，表面光滑；竖向钢筋应按总数沿圆周均匀排列，采用绑扎搭接接头，搭接长度为 45d；钢筋保护层厚度为 30 mm(竖向钢筋应放在环向钢筋的内侧)；梁、柱(板)钢筋的保护层分别为 25 mm(15 mm)。

2. 具体工作任务

(1)通过识读钢筋混凝土烟囱立面图，描述筒壁的组成及厚度，说出烟囱的高度、坡度的变化，烟道口及出灰孔的位置。

(2)通过识读钢筋混凝土烟道的节点详图，描述筒首的做法及配筋，环形悬臂的做法及构造要求。

(3)通过识读筒身配筋图，描述筒身竖向钢筋与环形钢筋的分布及搭接长度，计算钢筋的长度及根数。

(4)通过识读基础配筋图，说出基础类型及特点，各号钢筋的长度计算方法。

(5)通过识读烟道口的配筋图，描述洞口加固筋的要求，并理解各钢筋的形式，能正确计算其长度。

3. 钢筋混凝土烟囱工程图

钢筋混凝土烟囱工程图主要包括烟囱的立面图及节点详图、筒身配筋图、烟道口配筋图及基础图。

(1)钢筋混凝土烟囱立面图(图 1-20～图 1-22)。

标高 /m	筒壁外半经 /cm	筒壁内半经 /cm	厚 度			混凝土强度等级
			筒壁 /cm	隔热层 /cm	内衬 /cm	
180.000	393	375	18	10	12	
170.000			20	10	12	
160.000	393	373	23	10	12	
150.000	403	380	25	10	12	
140.000	413	388	25	10	12	
130.000	423	398	28	10	12	
120.000	433	405	28	10	12	
110.000	442	412	30	10	12	
100.000	447	417	30	10	12	
90.000	468	438	35	10	12	C35
80.000	488	453	35	10	12	
70.000	528	498	40	10	12	
60.000	568	528	40	10	12	
50.000	608	568	45	10	12	
40.000	648	603	45	10	23	
30.000	708	658	50	10	23	
20.000	768	718	50	10	23	
18.340	778	728	50	10	23	
11.000	822	772	50	10	23	
0.000	888	838	50	0	0	

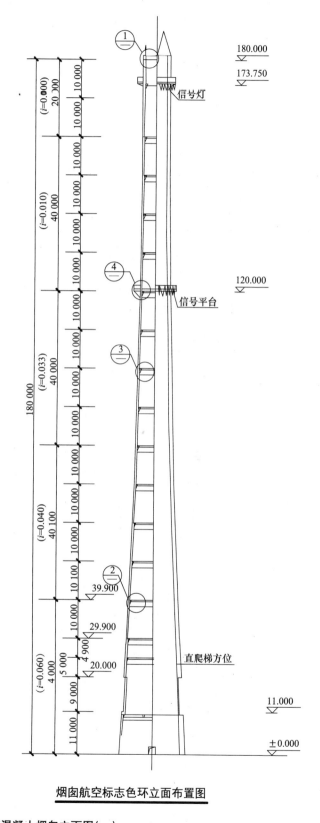

烟囱航空标志色环立面布置图

图 1-20 钢筋混凝土烟囱立面图(一)

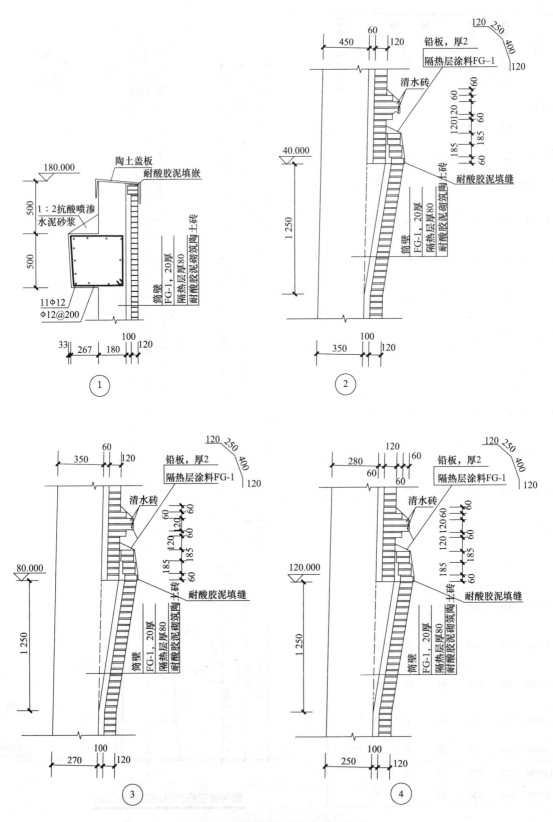

图 1-21　钢筋混凝土烟囱立面图(二)

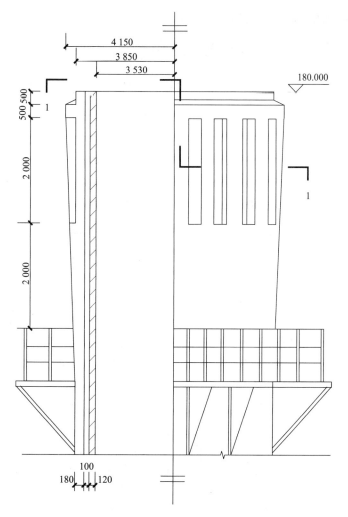

筒首大样图

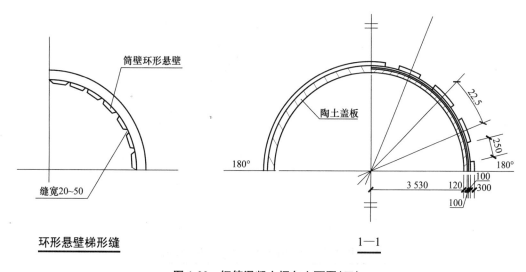

环形悬壁梯形缝

1—1

图 1-22 钢筋混凝土烟囱立面图(三)

(2)钢筋混凝土烟囱筒身配筋图(图 1-23)。

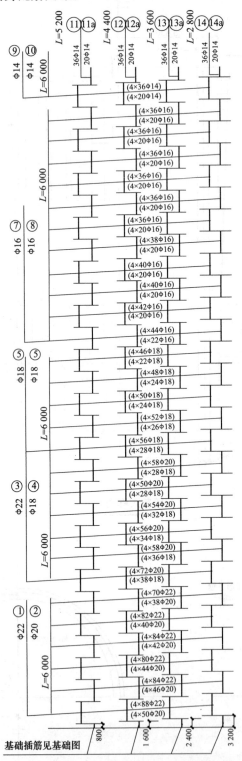

图 1-23　钢筋混凝土烟囱筒身配筋图

（3）钢筋混凝土烟囱基础配筋图（图1-24）。

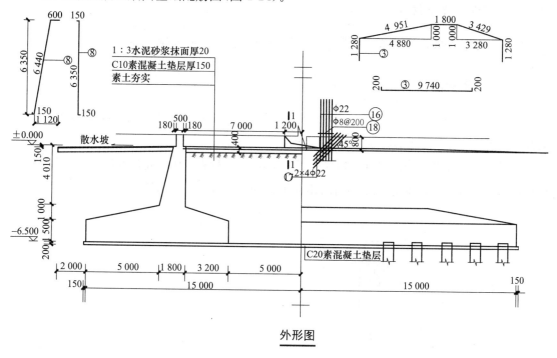

外形图

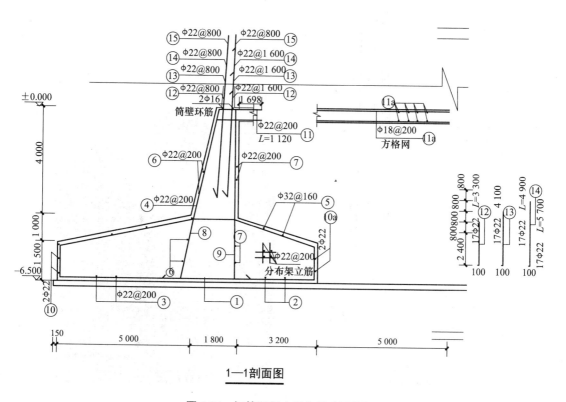

1—1剖面图

图1-24 钢筋混凝土烟囱基础配筋图

二、可选工作手段

标准图集、烟囱设计规范、混凝土结构设计规范、施工手册等。

1.2.2 案例示范

某烟囱高为 60 m，每 10 m 一节，筒壁厚度从下到上逐渐减薄，底部厚度为 260 mm，顶部厚度为 160 mm，筒壁坡度为 2‰，烟囱出口内径为 1.4 m。

在图中要看懂各部分的尺寸，以考虑模板的配置、安装，烟囱筒身的组成（筒壁、内衬和隔热层）。在图 1-25 和图 1-26 中可看出此烟道的类型属于架空烟道。

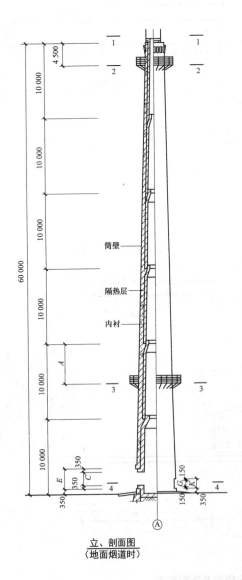

立、剖面图
（地面烟道时）

图 1-25 某烟囱工程施工图（一）

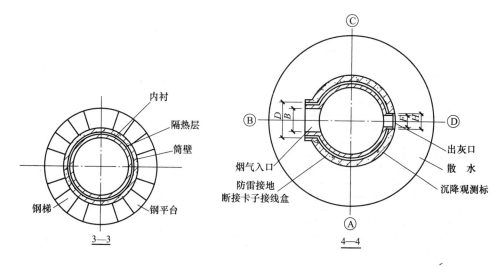

图 1-26 某烟囱工程施工图(二)

1. 筒壁配筋图(图 1-27、图 1-28)

筒壁上的钢筋主要有竖向钢筋和环形钢筋。竖向钢筋的搭接方式要考虑钢筋的直径,直径大于 18 mm 的钢筋要进行焊接连接而非搭接连接。钢筋分段长度为移动模板的倍数加搭接长度,抗震搭接长度为 45d,非抗震搭接长度为 40d。图中的代号 n_i 表示该种钢筋的根数,沿筒壁四周按规定的间距排布,本图为单侧配筋。

环向钢筋要注意在环形悬臂处的钢筋要加密以及其加密的范围。

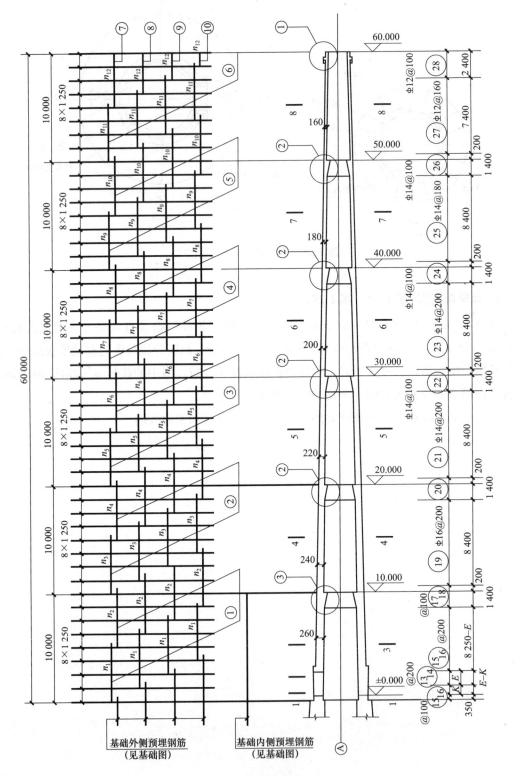

图 1-27 筒壁配筋图(一)

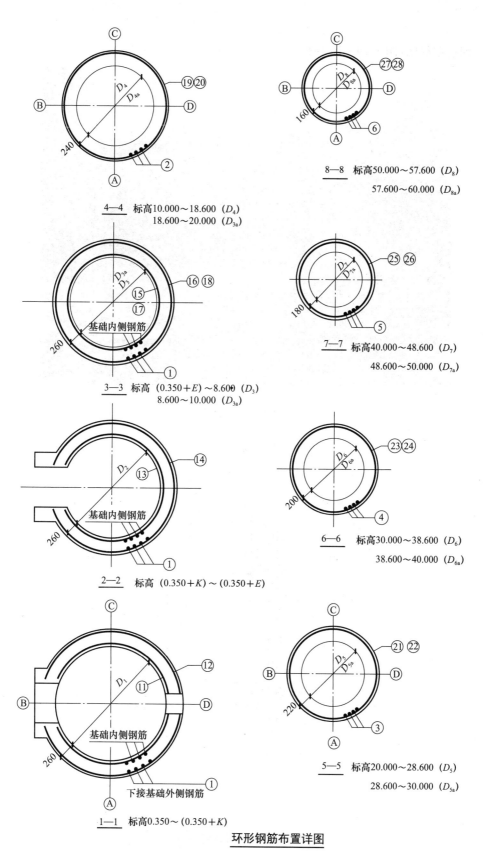

环形钢筋布置详图

图 1-28 筒壁配筋图(二)

2. 烟道配筋图(图 1-29~图 1-31)

图 1-29　工程实例

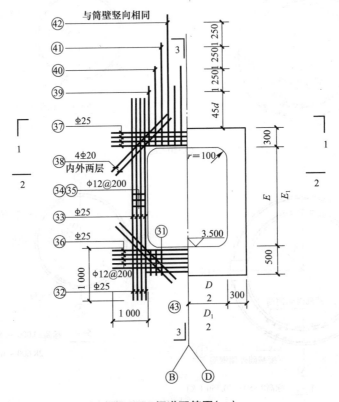

图 1-30　烟道配筋图(一)

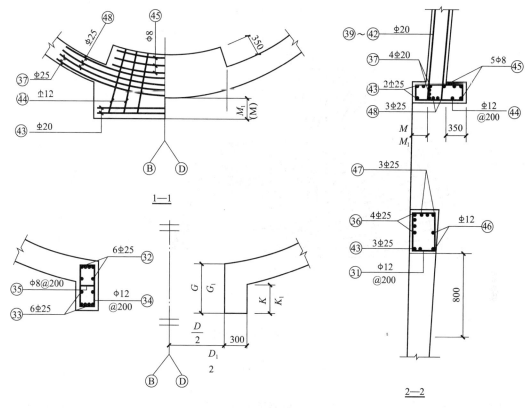

图 1-31　烟道配筋图(二)

3. 基础配筋图(图 1-32、图 1-33)

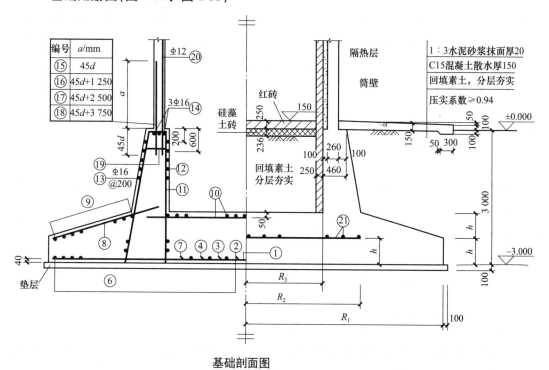

基础剖面图

图 1-32　基础配筋图(一)

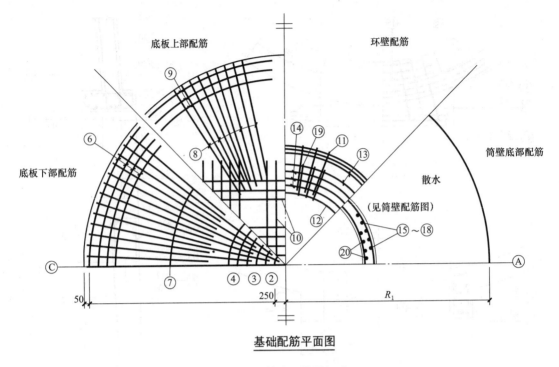

图 1-33 基础配筋图(二)

由图 1-32 和图 1-33 可知,该烟囱基础类型为环板式基础,为柔性基础。基础形式的选择与烟囱筒壁的材料种类、外形、重力、抗震设防烈度、地基承载力有关。一般常用的有刚性基础、钢筋混凝土环板基础和圆板基础、壳体基础与桩基础。基础混凝土强度等级,对于板式基础不低于 C15,壳体基础不低于 C20,钢筋宜采用 HRB335 级。烟囱基础的上部地面应做不小于 2%的排水坡,护坡最低处应高出周围地面 100 mm,护坡宽度不小于 1.5 m。烟囱是高耸建筑物,要进行基础沉降和倾斜计算。

1.2.3 知识链接

一、钢筋混凝土烟囱的分类

钢筋混凝土烟囱可分为单筒式、套筒式和多管式烟囱。本教学单元以单筒式钢筋混凝土为例讲解。

(1)内衬分段支承在筒壁上的普通烟囱。

(2)筒壁内设置一个排烟筒的烟囱。

(3)两个或多个排烟筒共用一个筒壁或塔架组成的烟囱。

二、钢筋混凝土烟囱材料

(1)筒壁混凝土宜采用普通硅酸盐水泥或矿渣硅酸盐水泥配制,强度等级不应低于 C25;混凝土的水胶比不宜大于 0.5,每立方米混凝土水泥用量不应超过 450 kg;混凝土的集料应坚硬致密，粗集料应采用玄武岩、闪长岩、花岗岩、石灰岩等破碎的碎石或河卵石，细集料宜采用天然砂，也可采用上述岩石经破碎筛分后的产品，但不得含有金属矿物、云母、硫酸化合物和硫化物；粗集料粒径不应超过筒壁厚度的 1/5 和钢筋净距的 3/4，同时，最大粒径不应超过 60 mm。

（2）基础混凝土同砖烟囱。

（3）钢筋混凝土筒壁的配筋宜采用 HRB335 级钢筋。

三、构造要求

（1）钢筋混凝土筒壁的坡度、分节高度和厚度规定。筒身多为薄壁空心截头圆锥体，筒壁的坡度为 1‰～3‰，多采用 2‰；有些高大烟囱设计成具有变化的坡度，底节采用 3‰，中节采用 2‰，上节采用 1‰。筒身高度多由生产工艺而定，一般为 30～120 m，国内有的大型火力发电厂烟囱高度已达 210～270 m；底部筒身外径为 7～17.6 m，上部筒口内径为 1.45～8 m，筒壁厚度是根据自重、风荷载和热力等条件分段计算确定的，厚度随分节高度自下而上呈阶梯形减薄，分节高度应为移动模板的倍数，且不宜超过 15 m，但同一节内的厚度应相等，筒壁的最大厚度可达 600～1 200 mm，最小厚度应符合表 1-3 的要求，最小不得小于 120 mm。

表 1-3　筒壁最小厚度

筒身顶口内径 D/m	$D \leqslant 4$	$4 < D \leqslant 6$	$6 < D \leqslant 8$	$D > 8$
最小厚度/mm	140	160	180	$180 + (D-8) \times 10$

筒身的顶部为抵抗排出气体的侵蚀，并使造型美观，一般每隔 5～10 m 增加厚度和配筋，并作装饰花格；当排出的废气侵蚀性很强时，还加设由铸铁等制作的保护罩或在表面涂刷耐酸涂料，如图 1-34 所示。

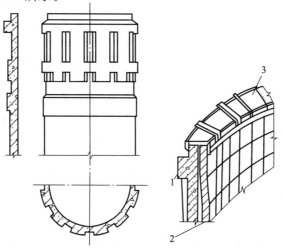

图 1-34　筒首装饰花格

1—筒首；2—内衬；3—保护罩

(2)筒壁环形悬臂和筒壁加厚区段的构造规定。环形悬臂一般可不配置钢筋，受力较大或挑出较长时应按剪切变形计算配筋。

内外侧钢筋应用拉结筋拉结，拉结筋直径不应小于 6 mm，纵横间距为 500 mm。为支承内衬，在筒壁内侧每隔 10~15 m 挑出一道高为 1.25 m 的牛腿（又称环梁悬臂），挑出宽度为内衬和隔热层的总厚度，在沿圆周方向，每隔 500 mm 左右设一道宽度为 25 mm 的垂直温度缝，如图 1-35 所示。

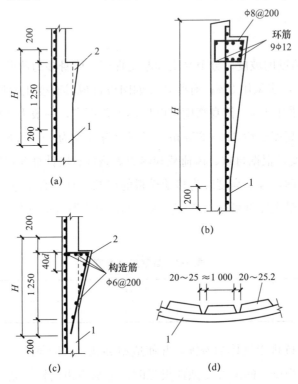

图 1-35　筒壁牛腿和顶部构造

1—筒壁；2—牛腿

(a)无配筋牛腿；(b)筒首配筋；(c)有配筋牛腿；(d)环形悬臂

(3)筒壁上设有孔洞时，应符合下列规定。

1)在同一截面内有两个孔洞时，宜对称布置。

2)孔洞对应的圆心角不应超过 70°。在同一水平截面内总的开孔圆心角不应超过 140°。

3)孔洞宜设计成圆形。矩形孔洞的转角宜设计成弧形。

4)孔洞周围应配置补强钢筋，并尽量配在孔洞边缘和筒壁外侧，其截面面积一般宜为同方向被切断钢筋截面面积的 1.3 倍。矩形孔洞转角处应配置与水平方向成 45°角度斜向钢筋，每个转角处的钢筋，按筒壁厚度每 100 mm 不应小于 250 mm²，且不少于两根。补强钢筋伸过洞口边缘的最小长度：地震区为 45d，非地震区为 40d。特大烟道孔，配筋宜适当增加，如图 1-36 所示。

(4)筒壁环向钢筋的保护层厚度不应小于 30 mm。

(5)筒壁最小配筋率应符合表 1-4 的规定。

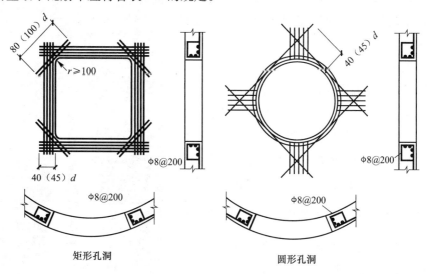

矩形孔洞　　　　　　　　　　　圆形孔洞

图 1-36　洞口加固筋

表 1-4　筒壁最小配筋率 %

配筋方式		双侧配筋	单侧配筋
竖向配筋	外侧	0.25	0.4
	内侧	0.20	—
环向配筋	外侧	0.25	0.25
	内侧	0.10	—
注：安全等级为一级的钢筋混凝土烟囱应采用双侧配筋。			

(6)筒壁采用单侧配筋时，筒壁内侧的下列部位应配筋：筒壁厚度大于 350 mm，筒壁长期处于外侧温度大于内侧温度的部位。

(7)环向钢筋应配在竖向钢筋靠筒壁表面(双侧配筋时指内、外表面)一侧。

(8)钢筋最小直径与最大间距应符合表 1-5 的规定，当为双侧配筋时，内外侧钢筋应采用拉筋拉结，拉筋直径不应小于 6 mm，纵横间距为 500 mm。

表 1-5　钢筋最小直径与最大间距

配筋种类	最小直径/mm	最大间距/mm
竖向配筋	10	外侧 250，内侧 300
环向配筋	8	200，且不大于壁厚

(9)纵向钢筋的分段长度，应取移动模板的倍数，并加搭接长度(图 1-37)。搭接长度按《混凝土结构设计规范(2015 年版)》(GB 50010)的规定采用。接头位置应相互错开，在任一搭接范围内，不应超过截面内全部钢筋根数的 1/4。当钢筋采用焊接接头时，其焊接类型及质量应符合国家有关标准或规范的规定。

(10)筒身应设测温孔、沉降观测点和倾斜观测点。

(11)内衬及隔热层。为了防止高温对筒壁的损害，降低筒壁内外温差，减少温度应力和防止侵蚀性气体的腐蚀，必须在筒壁内部、烟道和由地下进入烟囱的基础内部砌筑内衬。

内衬厚度应根据温度计算确定，钢筋混凝土烟囱应由基础起按全高设置。内衬一般由普通砖、耐火砖、硅藻土砖做成。内衬应分节设置以保证上下自由伸缩，内衬支承在筒壁内侧的环形悬臂上。基础内衬厚度不应小于 200 mm 或 1 砖，其他各节不应小于 100 mm 或 $\frac{1}{2}$ 砖，内衬的搭接长度不应小于 360 mm 或 6 皮砖。根据烟气温度可设单层或双层内衬。

隔热层可由空气隔热层（一般厚 50 mm）或填保温散粒体（一般厚 80～200 mm）做成。为了防止散粒体压实，在内衬外表设防沉带，防沉带应沿内衬

图 1-37　纵向钢筋的分段和搭接

高度每隔 1.5～2.5 m 设一圈，防沉带和筒壁或基础之间应留设 10 mm 宽的温度缝。设置空气隔热层的烟囱，在内衬外表面按纵向间距 1 m、环向间距 0.5 m 的要求挑出一块顶砖，顶砖与筒壁或基础之间留出 10 mm 宽的缝。

对钢筋混凝土筒壁，应保证内表面温度不大于 150 ℃。当有两个烟道口时，宜设置隔烟墙，其高度应超过烟道孔顶，不小于 1/2 孔高，并具有足够的刚度。

(12)附属设备。烟囱应设置爬梯、平台、信号灯、防雷设施和清灰孔。爬梯应在离地面 2.5 m 开始设置直到顶端，爬梯应设置在常年风向的上风向。高度超过 40 m 的烟囱，爬梯还应设置围栏及活动休息板（每隔 20 m）；高度超过 60 m 的烟囱还应在顶部设置平台以便检修和安装信号灯（飞行障碍标志）。

避雷装置是烟囱的重要附件，避雷针数量根据烟囱的高度与顶部外径而定。避雷针尖端应高出筒首 1.8 m，接地极沿烟囱基础做成环形，每隔 5 m 一根。

清灰孔一般设在烟囱底部、烟道口对面。

学习单元 1.3　钢烟囱认识

1.3.1　任务描述

一、工作任务

识读一套钢烟囱结构施工图。

1. 工程设计说明

(1)本工程为钢烟囱，高度为 45 m。

(2)最高烟气温度为 140 ℃，合理使用年限为 50 年。

(3)基础埋入原土层不得少于 200 mm，如有超挖应采用中粗砂处理，基础开槽后应由勘察和设计部门验槽。

(4)烟囱基础采用 C20 混凝土浇筑，垫层采用 C10 混凝土，钢筋保护层厚度为 35 mm，基础表面设 50 mm 厚 C30 细石混凝土找平层。基础钢筋采用焊接接头。

2. 具体工作任务

(1)通过识读基础图，判断基础类型，正确计算钢筋，理解预埋螺栓的布置。

(2)通过识读筒身图，描述筒身构造及筒壁连接的做法，能够描述筒身与基础的连接做法、烟道口的做法。

3. 工程图纸

工程图纸主要包括：钢烟囱基础图(图 1-38)、钢烟囱筒身图(图 1-39)、节点详图。

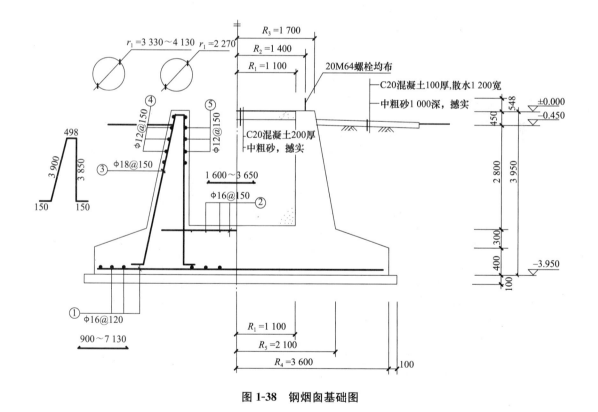

图 1-38 钢烟囱基础图

二、可选工作手段

标准图集、烟囱设计规范、钢结构设计规范等。

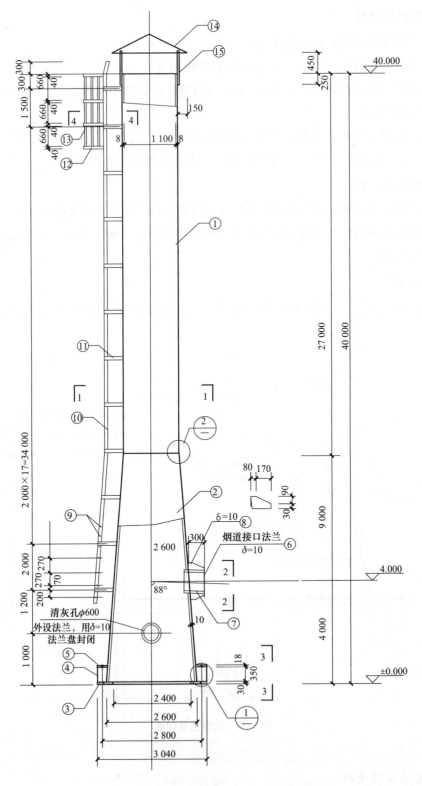

烟囱筒身图

图 1-39 钢烟囱筒身图

1.3.2 案例示范

一、案例描述

某钢烟囱工程，高度为 30 m，顶部出口外径为 1.2 m，烟气温度为 150 ℃，基本风压为 0.35 kN/m²，抗震设防烈度为 8 度，烟道口及出灰孔各一个。

二、案例分析及实施

1. 案例分析

钢烟囱工程图如图 1-40～图 1-42 所示，包括筒身本体图、节点详图及基础图。

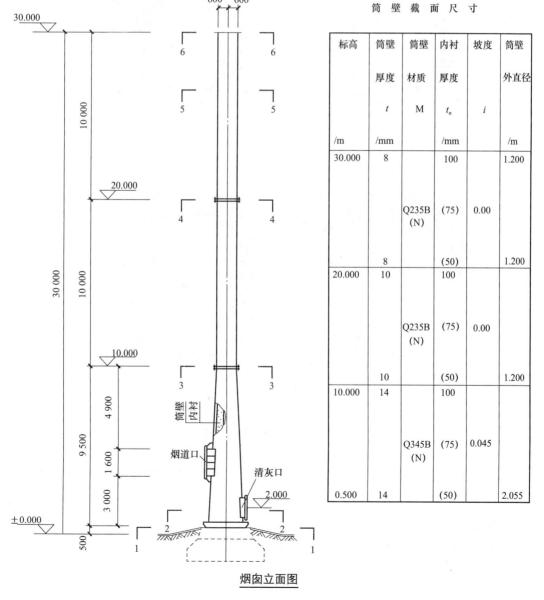

筒 壁 截 面 尺 寸

标高	筒壁厚度	筒壁材质	内衬厚度	坡度	筒壁外直径
	t	M	t_n	i	
/m	/mm		/mm		/m
30.000	8		100		1.200
		Q235B (N)	(75)	0.00	
	8		(50)		1.200
20.000	10		100		
		Q235B (N)	(75)	0.00	
	10		(50)		1.200
10.000	14		100		
		Q345B (N)	(75)	0.045	
0.500	14		(50)		2.055

烟囱立面图

图 1-40 钢烟囱工程图（一）

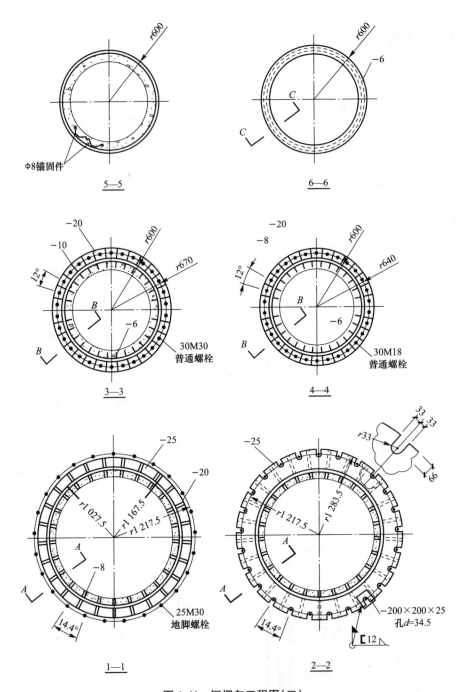

图 1-41 钢烟囱工程图(二)

在认识钢烟囱时,要了解钢烟囱的组成、材料要求、各部分的构造要求,完成本套钢烟囱施工图的识读任务,并熟悉钢烟囱施工要点。

2. 案例实施

在具体实施时,重点看懂各剖面图及节点详图。

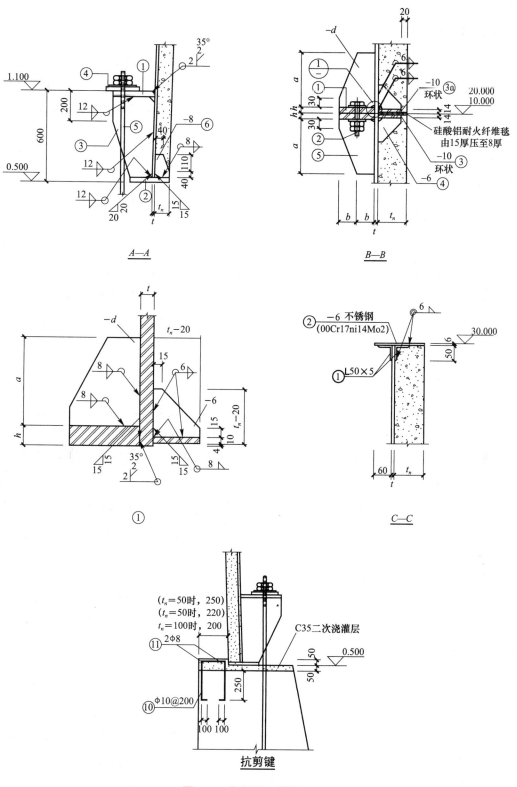

图 1-42　钢烟囱工程图(三)

1.3.3 知识链接

一、结构形式

钢烟囱包括自立式、拉索式和塔架式三种形式。高大的烟囱可采用塔架式，低矮的钢烟囱可采用自立式，细高的钢烟囱可采用拉索式。

对自立式钢烟囱，其高径比一般控制在 20 以内为宜，即 $h/d \leqslant 20$（h——烟囱高度，d——烟囱外径），超过此值一般采用拉索式或塔架式钢烟囱。

二、烟囱高度和直径的确定

烟囱出口净直径和高度通过计算由工艺确定，同时，还要考虑环保要求，一般要比周围 150 m 半径范围内的最高建筑至少高出 5 m。另外，在机场附近的烟囱为保证飞行安全，需满足限高的要求。烟囱出口直径一般指烟囱上口净尺寸。对于无内衬或部分内衬烟囱，其净直径即为其顶部筒壁内直径。对于全内衬钢烟囱，其最小净直径不宜小于 500 mm，其目的是考虑施工所需的最小空间。

三、钢烟囱钢材的选用及一般规定

钢烟囱处于外露环境，塔架和筒壁外表面直接受到大气腐蚀，同时，烟囱筒壁内表面又受到烟气的腐蚀和温度作用，为保证钢烟囱的承载能力和防止脆性破坏及腐蚀破坏，应根据钢烟囱的重要性、受力大小、烟气温度和烟气腐蚀性质、大气环境、内衬及隔热层做法等因素综合考虑，选用合适的钢材牌号。

(1)处于大气干燥地区和一般地区的钢烟囱塔架与筒壁或排放烟气属弱腐性、无腐蚀性时，其钢材可选用碳素结构钢或低合金高强度结构钢，即 Q235 钢、Q345 钢、Q390 钢和 Q420 钢。其质量标准应分别符合现行国家标准《碳素结构钢》(GB/T 700)和《低合金高强度结构钢》(GB/T 1591)的规定。

(2)处在大气潮湿地区的钢烟囱塔架和筒壁或排放烟气属于中等腐蚀性与强腐蚀性的筒壁宜采用焊接结构耐候钢 Q235NH、Q295NH 和 Q355NH。其质量应符合现行国家标准《耐候结构钢》(GB/T 4171)的规定。

(3)烟囱的平台、爬梯和砖烟囱的环箍宜采用 Q235 钢制作，当有条件时也可采用耐候钢制作，这样可以保证具有较强的耐腐蚀性能。

(4)烟囱筒首部分，因受大气腐蚀和烟气腐蚀比较严重，宜采用不锈钢板(高度为 1.5 倍左右烟囱出口直径)。当筒壁受热温度高于 400 ℃时，采用不锈耐热钢，如 1Cr18Ni9Ti；当筒壁受热温度小于 400 ℃时，可采用不锈耐酸钢，如 0Cr18Ni9。其质量应分别符合现行国家标准《耐热钢棒》(GB/T 1221)和《不锈钢棒》(GB/T 1220)的规定。

(5)当烟气温度高于 560 ℃时，隔热层的锚固件可采用不锈耐热钢制造，如 1Cr18Ni9Ti，质量应符合《耐热钢棒》(GB/T 1221)的规定；当烟气温度低于 560 ℃时，可采用一般碳素结构钢 Q235 制造。其原因是碳素钢的抗氧化温度上限为 560 ℃。金属锚固件一旦超过抗氧化界限出现氧化现象，将造成连接松动，影响正常使用。

(6)钢结构的连接材料，包括焊条、焊丝、焊剂、普通螺栓、高强度螺栓和锚栓，应符合《钢结构设计规范》(GB 50017)的相关规定。所选择的焊条型号、焊丝和焊剂应与主体金属力学性能相适应(与母材等强度、等韧性、化学成分相近)。

钢结构采用的焊条、螺栓、节点板等构件连接材料的耐腐蚀性能，不应低于主体材料的耐腐蚀性能。

(7)对 Q235 钢宜选用镇静钢和半镇静钢。因为镇静钢和半镇静钢的组织致密，气泡少，偏析程度小，含有的非金属夹杂物也较少，而且氮多半是以氮化物的形式存在，故镇静钢和半镇静钢除因含硅多而塑性略低外，其他性能均比沸腾钢优越。镇静钢和半镇静钢具有较高的常温冲击韧性，较小的时效敏感性和冷脆性。它们的抗腐蚀稳定性和可焊性均高于沸腾钢。

(8)承重结构的钢材应具有抗拉强度、伸长率、屈服强度和硫磷含量的合格保证，对焊接结构尚应具有碳含量的合格保证。焊接的承重结构和非焊接承重结构的钢材还应具有冷弯试验的合格保证。

(9)碳素结构钢和焊接结构用耐候钢均属非耐热钢。如果烟气温度很高(如冶金系统某些加热炉烟囱的烟气温度可达 700 ℃~1 000 ℃)，隔热措施不力，非耐热钢材筒壁在高温作用下，材质变化很大，不仅强度逐步降低，还有蓝脆和徐变现象。达 600 ℃时，钢材已进入塑性状态不能承载。

上述非耐热钢由于最高受热温度限值的要求，必须采取设置隔热层和内衬的办法来降低钢筒壁的温度。当烟气温度低于 150 ℃时，烟气有可能对烟囱产生腐蚀，也应设置隔热层。

(10)如果钢筒壁温度超过 4 000 ℃，工艺上烟气温度又降不下来，采取隔热措施也难以达到 4 000 ℃以下时，可以考虑采用耐热钢的筒壁。

(11)对于无隔热层的钢烟囱或虽设了隔热层但筒壁外表面温度仍较高时，在其底部 2 m 范围内，应对烟囱采取外隔热层措施或者设置防护栏，防止烫伤事故发生。

(12)钢烟囱的内外表面应涂刷防护油漆。但当排放强腐蚀性烟气时，钢烟囱内表面应改用厚 1~3 mm 的防腐厚涂料。

四、构造要求

1. 塔架式钢烟囱

(1)塔架式钢烟囱可根据排烟筒的数量，将水平截面设计成三角形和四边形。

(2)钢塔架沿高度可采用单坡度或多坡度形式，塔架底部宽度与高度之比，不宜小于 1/8。

(3)对于高度较高，底部较宽的钢塔架，宜在底部各边增设拉杆。

(4)钢塔架腹杆宜按下列规定确定：

塔架顶层和底层应采用刚性 K 形腹杆；塔架中间层可采用预加拉紧的柔性交叉腹杆；塔柱及刚性腹杆宜采用钢管，当为组合截面时宜采用封闭式组合截面；交叉柔性腹杆宜采用圆钢。

(5)钢塔架平台与排烟筒连接时，宜采用滑道式连接(图 1-43)。

(6)钢塔架应沿塔面变坡处或受力情况复杂且构造薄弱处设置横隔，其余可沿塔架高度每隔 2～3 个节间设置一道横隔。塔架还应沿高度每隔 14～20 m 设一道休息平台或检修平台。

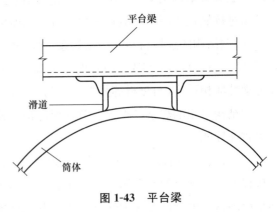

图 1-43　平台梁

(7)排烟筒的构造要求与自立式钢烟囱相同。

2. 自立式钢烟囱

(1)烟道入口宜设计成圆形，矩形孔洞的转角宜设计成圆弧形。

(2)隔热层的设置应符合下列规定：当烟气温度高于规定的最高受热温度时，应设置隔热层；烟气温度低于 150 ℃，且烟气有可能对烟囱产生腐蚀时，应设置隔热层；隔热层的厚度由温度计算确定，但最小厚度不宜小于 50 mm，对于全辐射炉形的烟囱，隔热层厚度不宜小于 75 mm；隔热层应与烟囱筒壁牢固连接，当用块体材料或不定型现场浇筑材料时，可采用锚固钉或金属网固定，烟囱顶部可设置钢板圈保护隔热层边缘。钢板圈厚度不小于 6 mm；为支撑隔热层质量，可在钢烟囱内表面，沿烟囱高度方向每隔 1～1.5 m 设置一个角钢加固圈；当烟气温度高于 560 ℃时，隔热层的锚固件可采用不锈钢制造，烟气温度低于 560 ℃时，可采用一般碳素钢制造；对于无隔热层的烟囱，在其底部 2 m 范围内，应对烟囱采取外隔热措施，或者设置防护栏，防止烫伤事故。

(3)破风圈的设置应符合下列规定：当烟囱的临界风速小于 6～7 m/s 时，应设置破风圈；当烟囱的临界风速为 7～13.4 m/s，且小于设计风速时，而用改变烟囱高度、直径和增加厚度等措施不经济时，也可设置破风圈。

3. 拉索式钢烟囱

(1)当烟囱高度与直径之比小于 35 时，可设置一层拉索。拉索一般为三根，平面夹角为 120°，拉索与烟囱轴向夹角不小于 25°，拉索系结位置距烟囱顶部小于 $h/3$ 处。

(2)当烟囱高度与直径之比大于 35 时，可设置两层拉索。下层拉索系结位置宜设在上层拉索系结位置至烟囱底的 1/2 高度处。

(3)筒身构造措施同自立式钢烟囱。

学习情境 2　倒锥壳水塔认识

能力描述

能说出水塔的作用、组成和形式；能描述水塔的构造要求；能够看懂水塔的结构施工图。

目标描述

熟悉水塔的类别及一般规定；掌握水塔的构造要求；掌握水塔结构施工图的识读方法；了解水塔的施工方法。

2.1　任务描述

一、工作任务

识读一套倒锥壳水塔结构施工图。

1. 倒锥壳水塔的一般说明

本图集的水塔，是按采用滑动模板施工支筒后，再用双环梁液压千斤顶（或单环梁穿心式千斤顶）顶升预制水箱的方法施工的钢筋混凝土倒锥壳水塔，若采用其他施工方法，则选用本图集时应作相应修改。

2. 建筑材料

混凝土：水箱为 C25，抗渗强度等级为 P8；支筒为 C25，环板为 C30；气窗顶盖、人井、基础为 C20；基础垫层、散水、台阶为 C10。

钢筋：钢材质量应符合《钢筋混凝土用钢》（GB 1499）的要求。

钢材：采用 Q235 钢，其质量应符合《碳素结构钢》（GB/T 700）的要求。对 Q235 钢和 HPB300 级钢筋焊接，应采用 43 型焊条。对 HRB335 级钢筋的焊条，应采用 E50 型焊条。焊条质量应符合《非合金钢及细晶粒钢焊条》（GB/T 5117）及《热强钢焊条》（GB/T 5118）的要求。

屋面砂浆抹面层及水箱防水层：屋面均设 20 mm 厚 1∶3 水泥砂浆抹面层，否则应加厚壳板厚度，使其相应侧钢筋的混凝土保护层厚度≥25 mm。水箱内表面采用 1∶2 水泥砂浆抹面（五层防水做法）或采用其他实践已证明行之有效的防水做法。

3. 施工及制作要求

(1)基坑开挖后，应由原勘察单位验槽，确认无误后立即铺设垫层和施工基础，基坑不得泡水，基础施工后要及时回填土。

(2)基础垫层混凝土厚度为 100 mm。

(3)本图集支筒纵向钢筋接头是按绑扎搭接接头考虑，仅于钢筋直径改变处搭接一次（为减少编号，在支筒钢筋表中未对因错开搭接位置而造成的同一组钢筋的长短不一而分别编号，但在施工中应按实际需要长度下料），要求同一截面处，接头应错开，搭接接头数量不得超过该截面纵向钢筋数量的 25%，一律按受拉考虑，如果采用焊接接头，其搭焊长度按相关规范要求。

(4)支筒钢箍要求与纵向钢筋逐点绑扎。为了防止在施工过程中支筒产生扭转，应在支筒纵向钢筋外，沿高度每 1 m 设 1φ12 水平箍筋，水平箍筋应和纵向钢筋逐点绑扎或焊接，本部分材料一律计入工程预算用料中。

(5)图中未注明焊缝高度者，均应不小于 6 mm（仅指钢结构）。

(6)混凝土要求捣固密实，注意养护（尤其支筒养护更要重视，一般宜采用养生液）。水箱部分混凝土要求水泥强度等级不得低于 32.5 级，每 1 m³ 混凝土水泥用量宜控制在 300～360 kg，水胶比不大于 0.55。

(7)水箱贮水部分的混凝土，应连续浇筑，不得留设施工缝，施工缝只允许留设在中环梁顶部位处，施工缝应妥善处理，在继续浇筑混凝土前先将表面清理干净，铺一层 1:2 水泥砂浆，然后浇筑混凝土，支筒滑升，应该连续进行。

(8)水箱防水层的五层做法。

第一层：刷防水水泥浆厚度 2～3 mm（50 kg 水泥掺 1 kg 防水粉）。

第二层：第一层完成后即抹水泥砂浆（水泥:粗砂=1:2）厚度 5 mm，要求压密，待砂浆初凝后将表面扫成条纹。

第三层：第二层凝固后刷防水水泥浆，做法同第一层。

第四层：第三层做完后即抹防水砂浆厚 8～10 mm，配合比同第二层，要求压抹两次。

第五层：刷防水水泥浆与第一层同，紧接第四层进行，要求压实抹光。

(9)支筒滑模施工时，应严格控制中心位置，垂线总偏差不得超过筒高的 0.1%，且支筒顶（公称高度处）中心相对基础中心偏差不大于 30 mm，筒身外径误差不得超过 1/500。

(10)筒身和环板应保证圆度，并使二者同心，其误差不得超过 15 mm，支筒在滑升过程中发现扭转应及时纠偏，在任意 3 m 高度上的相对扭转值应不大于 30 mm。

(11)水箱外形尺寸和厚度应符合设计要求，其直径误差不得超过 1/500，厚度误差不得超过 1/20，水箱应不大于 0.2，水箱中心相对基础顶面筒身中心的偏差不大于 30 mm。

(12)支筒应连续浇筑，一般不得中断，若因故停滑，必须按照规范要求采取"停滑措施"。

(13)水箱提升时，混凝土强度不得低于设计强度的 80%。

(14)外露的预埋件及钢结构表面均刷 70 型系列带锈涂料两遍，外刷防锈漆两遍。

(15)兼作防雷引下线的钢筋接头必须焊接，焊缝截面不得小于 10 cm²，并应随时检查质量，该线路连接方式见防雷引下线示意图。

(16)水塔建设时，在支筒四方设沉降观测点，以便监测水塔的沉降及倾斜。

(17)水塔完工后，试水加压应分段进行，第一次加水量不超过 1/4 额定容量，第二次加水间隙不小于 6 h，试水加载过程应加强沉降观测及结构观测。最后两次试水间隙应加长至 12 h。

4. 工程图纸

本工程图纸包括塔身图、塔身配筋图、基础图(图 2-1～图 2-3)。

5. 具体工作任务

(1)通过识读水塔的立面图及剖面图，描述水塔组成、水塔的高度、水箱的旋转角、水塔的气窗、爬梯、平台板的设置位置。

(2)通过识读水箱的配筋图，描述水箱的壁厚，水箱的配筋情况，环向及径向钢筋的布置，钢筋的形式、计算长度及间距；绘制上环梁、中环梁、下环梁的截面配筋图。

(3)通过识读环板的配筋图，描述水塔的施工以及环板的设置目的及位置。

(4)通过识读支筒的立面图及配筋图，描述支筒的厚度、半径及高度，理解筒顶小支柱的作用，能够绘制筒壁配筋的展开图。

(5)通过识读水塔的基础图，说出基础的类型及其特点。

(6)通过识读水塔的管道图，说出其形式及应用范围。

二、可选工作手段

水塔标准图集、案例、施工手册等。

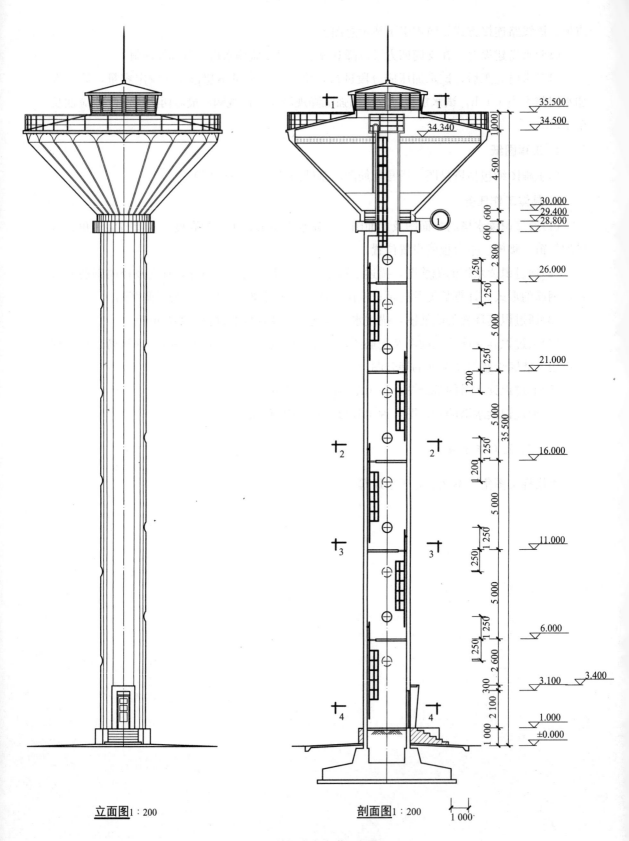

立面图1:200 剖面图1:200

图 2-1 某倒锥壳水塔工程图(一)

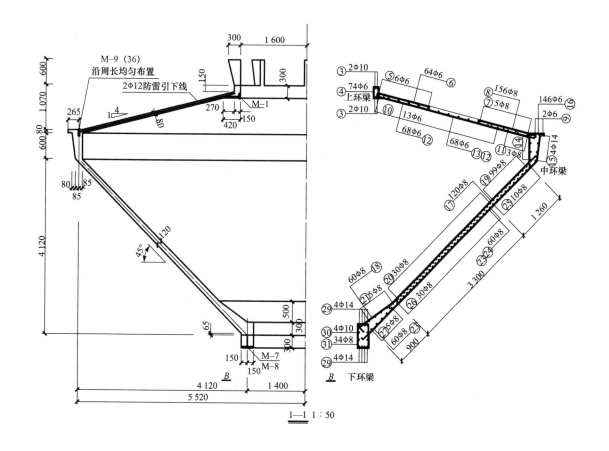

1—1 1:50

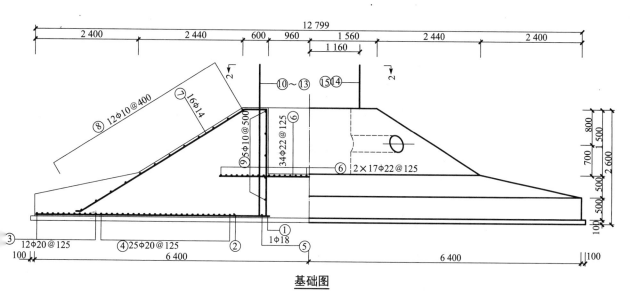

基础图

图 2-2 某倒锥壳水塔工程图(二)

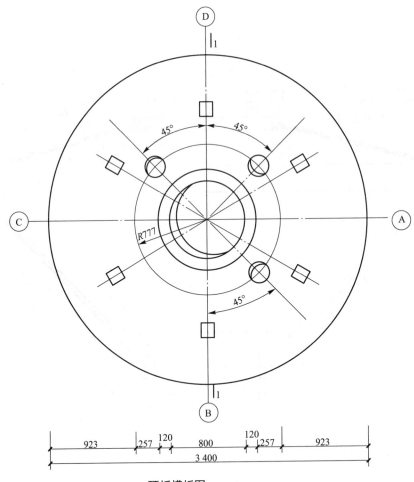

环板模板图 1:50

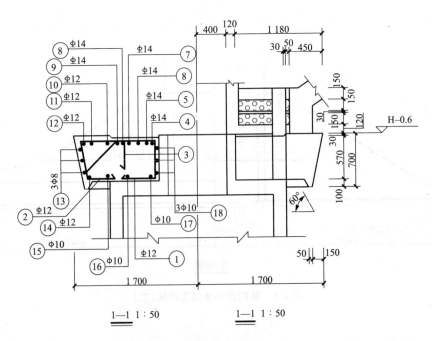

1—1 1:50 1—1 1:50

图 2-3　某倒锥壳水塔工程图(三)

2.2 案例示范

一、案例描述

1. 基本情况

水塔设计有效高度为 25 m，有效容积为 50 m³，水平倾角为 30°。支筒外径为 2.00 m，水箱上部气楼顶盖坡度为 1：5，水箱上锥壳坡度为 1：3，基础为圆板与正锥壳组合形式，正锥壳坡度为 1.75：1，主体结构为 C30 现浇钢筋混凝土。管道采用球墨铸铁管，采用供、给管道合用，泄、溢管道合用的两管输水方式。水位自动控制采用浮筒式液位测量装置。支筒内设置配电控制箱，各层安装防水照明灯，防雷接地电阻不大于 30 Ω，在支筒底部设置电阻测量装置。筒内顶部平台和塔顶设置护人栏杆，从基础内至顶层到水箱各平台设置检修钢梯，塔顶设置避雷针。支筒大门宽 0.7 m，高 2.1 m。

塔体外饰装饰涂料色调由使用方自定。

2. 使用材料性能及物理指标要求

全部混凝土采用 C30，水箱混凝土防渗等级 P8，抗冻等级 F200。水箱壳体钢筋和箍筋 HPB300（Q235），环梁纵筋 HPB300；支筒环筋 HPB300，纵筋 HRB335；基础钢筋 HRB335；平台地板钢筋 HPB300；水箱保温壳钢筋采用消除应力钢丝 ϕ^P5，钢丝网用 $\phi0.9 \sim \phi1.0$ 钢丝织，网孔 10 mm×10 mm；钢型材采用 Q235；当钢材为 HPB300 及 Q235 时，焊条采用 E43；当钢材为 HRB335 时，焊条采用 E50。钢材防腐采用环氧富锌底漆和氧化橡胶防腐埋面漆。水箱顶盖防水面层采用 1：2 水泥砂浆抹面 15 mm，保护层上部采用 SBS 改性沥青油毡柔性防水；水箱亲水面部位，采用厚 20 mm 1：2 水泥砂浆五层作法处理，或采用环保不影响水质的其他新产品处理。钢丝网水泥砂浆灰砂比采用 1：1.5 ～ 1：1.7，水泥砂浆强度采用 M40；水泥采用 P.O 42.5。水箱顶盖保温采用加气混凝土或膨胀珍珠岩制品，水箱下锥壳保温材料采用聚苯乙烯泡沫塑料板。管道绝热层采用岩棉或玻璃棉毡，防潮层采用防水胶玻璃布或沥青胶玻璃布。保护层采用塑料布及玻璃布外涂沥青。

3. 施工构造要求

保护层厚度：上锥壳 20 mm、下锥壳 30 mm、环梁主筋 35 mm、箍筋 25 mm、支筒 30 mm、基础壳 30 mm、基础板 40 mm、地板平台 20 mm、梁柱纵筋 30 mm、箍筋 20 mm；钢丝网水泥保温外壳厚度不小于 30 mm，配置两网一筋，设肋和锚固筋与水箱下锥壳连为一体。

钢筋锚固长度：HPB300（Q235）为 25d，HRB335（20MnSi）为 30d，消除应力钢丝为 250 mm。

钢筋搭接长度：轴心受拉和小偏心受压构件（下锥壳、中环梁），不小于 45d 或 350 mm；弯曲受拉构件、大偏心受压（拉）构件，不小于 $1.2l_a$ 及 300 mm；轴心受压构件、受弯构件的受压区，不小于 $0.85l_a$ 及 200 mm；搭焊钢筋双面焊为 5d，钢丝网（水箱保温外壳）不小于 100 mm。

受力钢筋搭接接头应相互错开，采用绑扎接头时，搭接区段长度为 1.3 倍搭接长度。采用焊接接头时，搭接区长度为 35d 或不小于 500 mm。采用机械连接接头时，搭接长度为 35d，在同一区段内纵向受拉钢筋接头面积百分率对绑扎接头不得超过 25％，对焊接接头不得超过 50％。

4. 施工工序工艺要求

(1)基础。开挖应按照设计图中确定的位置放线定位(与工程地质报告中钻探的位置相符)，不得随意改变位置。基坑开挖应根据土质情况确定边坡坡度和是否需要支护。基坑开挖后必须请原地质勘察单位进行验槽，如土层与钻孔不符时，要另行设计地基处理方案。基坑施工要有防水措施，基坑不得浸水跑水，基础施工完毕及时回填夯实，回填土的压实系数 λ≥0.95。

(2)钢筋。绑扎或焊接接头，环向钢筋接头按一次考虑，支筒内纵向钢筋接头在直径变化处考虑，其他钢筋或弯筋未考虑接头，双层钢筋未考虑镫筋的数量，施工时可根据具体情况增加接头和镫筋数量。支筒的环向钢筋根据施工具体情况置于纵筋的内外侧均可，当采用专用机具时，环向钢筋可改为螺旋形配筋。环形钢筋与纵向钢筋必须逐根绑扎或点焊。为了使钢筋骨架不在滑模施工时扭曲变形，提高骨架刚度，可在纵向钢筋的内侧设 Φ12 箍筋，间距为 1.0 m。兼作防雷设备引线的钢筋接头必须采用焊接，搭接长度大于 100 m。

(3)混凝土。混凝土用水泥建议采用 P.O 42.5 普通硅酸盐水泥，杜绝使用火山灰质硅酸盐水泥和粉煤灰硅酸盐水泥，以及其他杂牌水泥。混凝土施工中不得使用氯盐防冻剂和早强剂的掺合料。混凝土含碱量不得大于 3 kg/m³，否则应增加活性集料。水箱基础壳体混凝土要选择良好的级配，石子粒径不得大于 40 mm 且不大于截面厚度的 1/4，含泥量不得超过质量比的 1％，砂子中的含泥量及云母含量不得超过 3％。每立方混凝土的水泥用量必须达到 350～400 kg，如经试验达到抗渗抗冻等级时，水泥用量不限，混凝土的水胶比不应超过 0.5。水箱中环梁下部混凝土必须连续浇筑，不设置施工缝，中环梁上部可设施工缝，施工缝必须按规范进行处理，在继续浇筑混凝土前，必须将原有表面清理干净后再铺设一层1：2水泥砂浆，再浇筑后续混凝土，在接缝处要加强捣固，使其紧密结合。

二、案例分析及实施

倒锥壳水塔工程图包括立面剖面图、气窗顶盖及水箱配筋图、人井模板配筋图、支筒配筋图，以下分别叙述。

1. 立面图与剖面图(图 2-4 和图 2-5)

识读立面图与剖面图，理解水塔的组成。

从此图中可以看到水塔的组成，从上往下依次为：避雷设施、气窗顶盖、顶盖支柱、气窗、上环梁、正锥壳顶、中环梁、倒锥壳底、下环梁、环板、支筒及支筒上的门及气窗。

要能理解倒锥壳冷却塔的立面外形，看懂其内部的构造组成，如基础、爬梯、平台板、气窗、人井、环板、水箱、气窗顶盖等，知道其位置标高，以及相关的尺寸。

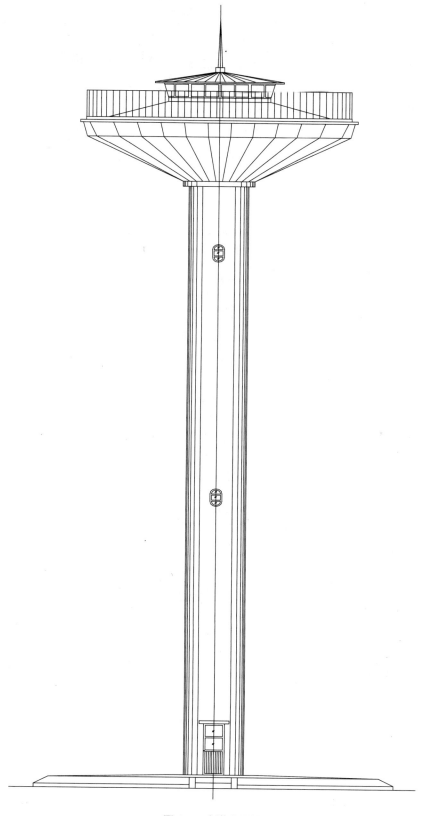

图 2-4 水塔立面图

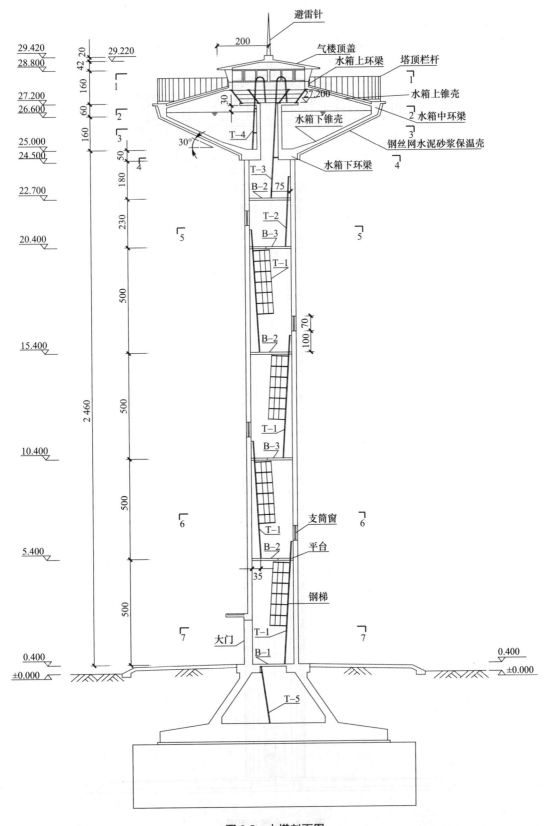

图 2-5　水塔剖面图

2. 气窗顶盖图(图 2-6)

要能看懂气窗顶盖的配筋图及相关尺寸,重点要读懂钢筋材料表。

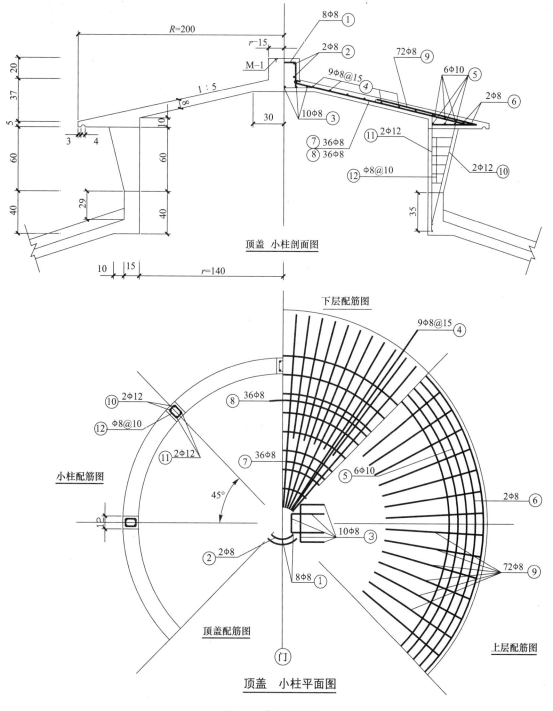

图 2-6　气窗顶盖图

3. 水箱配筋图(图 2-7)

图 2-7 所示的水箱为保温水箱。

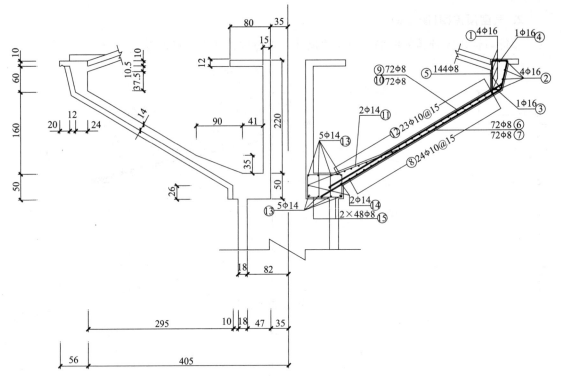

水箱中环梁　下锥壳　下环梁剖面图

黏蛭石或云母粒保护层
SBS改性沥青油毡　冷底子油两道防水层
1：3水泥砂浆找平层20 mm
加气混凝土保温层80 mm
上锥壳C30混凝土

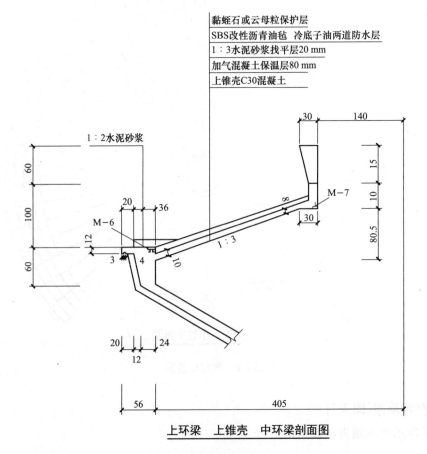

上环梁　上锥壳　中环梁剖面图

图2-7　水箱配筋图

4. 人井模板配筋图(图 2-8)

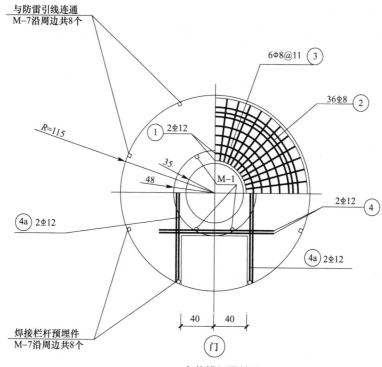

人井模板配筋图

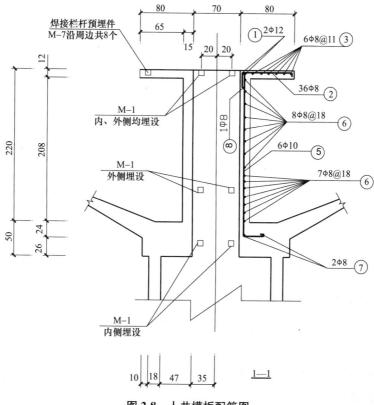

图 2-8 人井模板配筋图

5. 支筒配筋图

支筒配筋图要注意以下几点：

(1)纵向钢筋接头采用双面帮条焊接，焊缝长度不得小于 $8d$，帮条长度不得小于 $10d$（d 为钢筋的直径），帮条直径不得小于被焊钢筋中的最小直径。

(2)支筒环向钢筋焊接接头可采用搭接，搭接长度不得小于 $30d$。

(3)各竖向钢筋的接头必须错位，接头在同一平面内不得超过 9 根，错开距离控制在 800 mm 左右。

(4)8 号钢筋每米设置 1 根，并与竖向钢筋焊接。

(5)防雷引线焊接时应保证牢固。

(6)纵向钢筋在孔洞处留足规范要求尺寸后剪断，并在周围加固增筋。

(7)钢筋表中未计帮条数量，施工时现场确定。

6. 基础配筋图(图 2-9)

从基础的形式看出本基础为薄壳基础，注意基础的配筋及管道的安装。

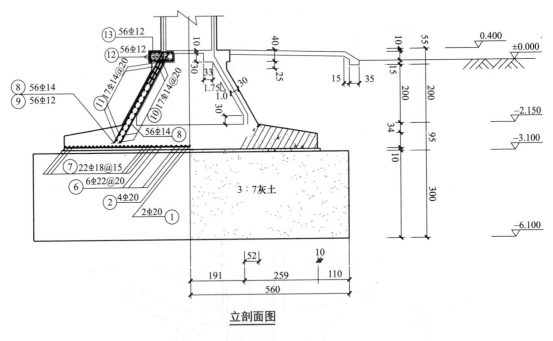

立剖面图

图 2-9　基础配筋图

7. 管道安装图(图 2-10 和图 2-11)

管道的安装有两管式和三管式两种形式。三管式主要应用于饮用水水塔。

图 2-10 所示为三管式，进水管、出水管和溢流管分设，其中需注意：H_1 为溢流水位，H_2 为报警水位，H_3 为最高水位，H_4 为开泵水位，H_5 为最低水位。

本工程的管道布置属于两管式，进出水管合二为一。

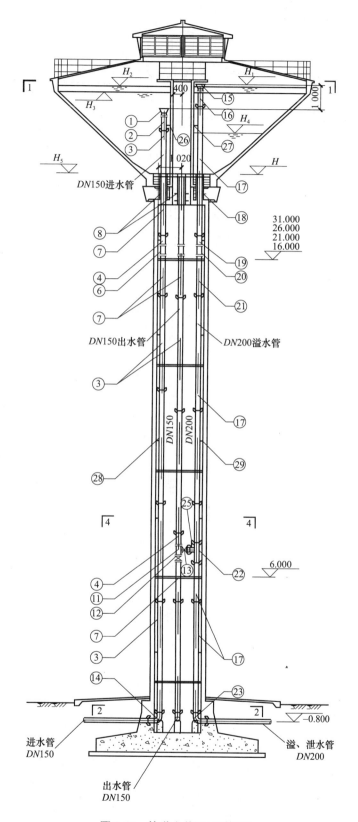

图 2-10　管道安装图(三管式)

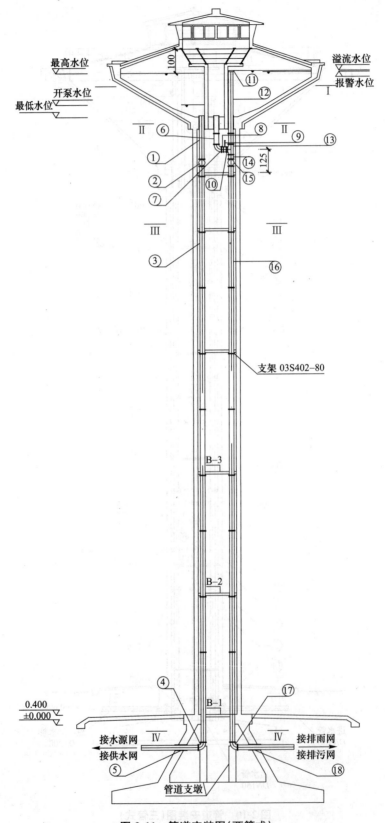

最高水位

溢流水位

开泵水位

报警水位

最低水位

100

⑪

⑫

Ⅰ

Ⅱ ⑥ ⑧ Ⅱ ⑨ ⑬

① 125

② ⑭

⑦ ⑮

⑩

Ⅲ Ⅲ

③ ⑯

支架 03S402—80

B—3

B—2

④ ⑰

0.400
±0.000

B—1

接水源网 Ⅳ Ⅳ 接排雨网

接供水网 接排污网

⑤ ⑱

管道支墩

图 2-11 管道安装图(两管式)

2.3　知识链接

一、水塔的原理、类型

水塔用于建筑物给水、调剂用水，维持必要水压，并起到沉淀和安全用水的作用。

水塔由水箱、塔身、基础和附属设施(出入水管、爬梯、平台、避雷照明装置、水位控制指示装置)等组成。

1. 水塔的作用

(1)蓄水，在供水量不足之时，起着调节补充的作用。

(2)利用水塔的高势，自动送水，使自来水有一定的水压扬程。

(3)水塔是用于储水和配水的高耸结构，用来保持和调节给水管网中的水量和水压。其主要由水柜、基础和连接两者的支筒或支架组成。

自来水设备中增高水的压力的装置，是一种高耸的塔状建筑物，顶端有一个大水箱，箱内储水塔越高，水的压力越大，也就能把水送到更高的建筑物上。

2. 水塔类型

按建筑材料分为钢筋混凝土水塔、钢水塔、砖石支筒与钢筋混凝土水柜组合的水塔。

水塔水柜也可用钢丝网水泥、玻璃钢和木材建造；按水柜形式分为圆柱壳式和倒锥壳式。另外，还有球形、箱形、碗形和水珠形等多种。支筒一般用钢筋混凝土或砖石做成圆筒形。支架多数用钢筋混凝土刚架或钢构架。水塔基础有钢筋混凝土圆板基础、环板基础、单个锥壳与组合锥壳基础和桩基础。当水塔容量较小、高度不大时，也可用砖石材料砌筑的刚性基础。

水塔主要有支筒水塔(图 2-12)、倒锥壳水塔(图 2-13)、支架水塔(图 2-14、图 2-15)三种。其结构形式如图 2-16 所示。

3. 倒锥壳水塔

倒锥壳水塔一般分为工业用和民用，主要作用是供水。

倒锥壳水塔的特点是结构上比较合理，施工也较方便，造型也显得美观、轻巧、简洁。施工时先在地面上现浇倒锥壳体，然后用千斤顶整体顶升到塔顶位置，再把锥顶和塔顶浇成整体，减少了高空浇筑混凝土的困难和不安全，也可免除高空搭制模板、脚手架的麻烦，并节省木材，所以在世界各地采用较普遍。

图 2-12　砖支筒水塔

图 2-13　倒锥壳水塔

图 2-14　钢筋混凝土支架水塔

图 2-15　钢支架水塔

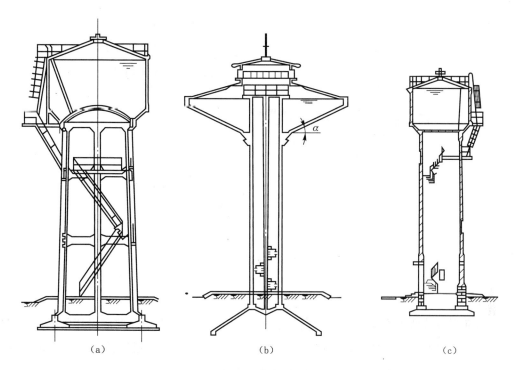

图 2-16　水塔的结构形式

(a)支架水塔；(b)倒锥壳水塔；(c)砖支筒水塔

二、构造要求

1. 水箱

水箱的形式有平底形、倒锥壳形、英兹形、球形四种。

(1)平底形水箱(图 2-17)。水箱自上而下为正锥壳顶盖、上环梁、圆柱形水箱、中环梁、平底水箱底和下环梁。有时顶盖也可做成平板，用保温层找坡以满足排水要求。由于平底水箱支模简单，施工方便，因此在小型水箱中应用较多。

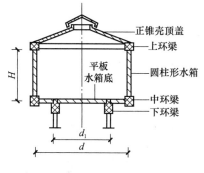

图 2-17　平底形水箱

(2)倒锥壳形水箱[图 2-18(a)]。其由上部的截顶正圆锥壳顶盖、下部截顶倒圆锥壳水箱、环梁(环梁有上环梁、中环梁、下环梁三道)三部分组成。

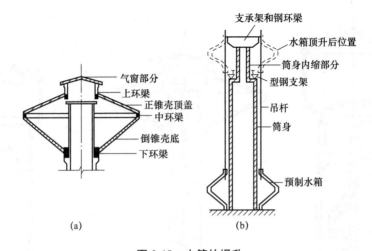

图 2-18 水箱的提升

(a)倒锥壳水箱;(b) 倒锥壳水箱的提升

正圆锥壳顶盖截去锥顶形成一个直径为 1 000 mm 左右的洞口,此洞口作为人孔,也供通风用。人孔边加设一道环梁(上环梁)以保证锥壳顶盖的刚度和稳定性。截顶的倒锥壳是水箱的贮水部分。在截去倒锥壳顶处形成一个直径略大于水塔圆柱形塔身直径的圆孔以利提升水箱时沿塔身滑行。在上、下锥壳结合部位加设中环梁以保证上、下壳的良好结合和刚度。

倒锥壳水箱的直径、壳体的旋转角根据水箱的容积、造型、壳体的内力状态确定。水箱的厚度一般不小于 100 mm,顶盖的厚度一般不小于 60 mm,顶壳的坡度常取 1/4～1/3。壳体的厚度也不宜过大,以防加大提升质量。中环梁的高度一般取 600 mm 左右,宽度不小于 200 mm。上、下环梁根据壳体的刚度、稳定性的提升、安装时的受力状态而确定。

倒锥壳水塔的圆筒式塔身直径与水箱容积、水塔造型有关,容积为 100～500 m³ 的水塔,筒身的直径一般为 2.4～4.0 m。

倒锥壳水箱在水压最大处直径最小,水压力最小处直径最大,因此,环向力分布比较均匀。

倒锥壳水箱的塔身为圆柱形,采用滑模施工,非常方便。水箱围绕塔身在地面预制,然后提升就位、固定连接,施工方法先进,施工工期也较短,如图 2-18(b)所示。箱筒连接如图 2-19 所示。

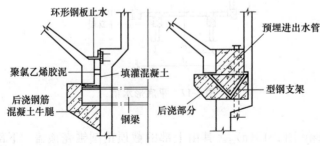

图 2-19 箱筒的连接

(3)英兹式水箱(图 2-20)。英兹式水箱由正锥壳顶盖、圆柱形箱壁、箱底(由球壳和倒锥壳组合而成)、上环梁、中环梁、下环梁组成。

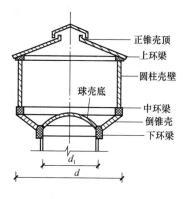

图 2-20　英兹式水箱

水箱顶盖采用正圆锥壳以利于排水,锥顶坡度一般取 1/3～1/4,厚度不小于 60 mm。截去正圆锥壳的顶形成直径为 1 000 mm 左右的孔洞供检修和通风用,人孔周边可局部加厚或设置一道环梁。孔顶应加防雨设施。

英兹式水箱的直径一般不是很大,所以,水箱壁一般做成等厚的,厚度不小于 120 mm,水箱壁的上端通过上环梁与顶盖相连,下端通过中环梁与倒锥底相连,环梁截面尺寸不小于 200 mm×300 mm,对有保温层的水箱,环梁截面宽度一般不小于 350 mm。

(4)水箱的防渗和保温。水箱的混凝土强度等级在不低于 C20 的要求上,一般宜用混凝土本身的密实性满足抗渗要求,其取决于混凝土的密实程度及集料级配、水泥用量、水胶比、振捣、养护等因素。因此,防渗关键在于施工质量,且尽可能连续施工,储水部分只允许在中环梁上缘设置一道施工缝。一切预埋件应在浇筑混凝土前安设妥当,不应事后凿洞。

在寒冷地区水箱应考虑保温措施。可采用加砖护壁和空气保温或空气层内填松散的保温材料,以及采用喷射法涂化学保温涂料或设置保温层等办法。水塔防寒的关键在于水管的防寒,常采用矿渣棉毡或玻璃棉毡包扎保温。

2. 筒身

不太高也不太重要的水塔常采用砖砌筒壁塔身[图 2-21(a)],砖砌筒壁的最小厚度为 240 mm。砖砌筒壁一般都设置钢筋混凝土或钢筋砖圈梁,圈梁间距常取 4～6 m。

钢筋混凝土圈梁的截面尺寸常取 240 mm×240 mm,截面高度不低于 180 mm,纵向钢筋不少于 4φ10,箍筋不小于 φ6@250。如果采用钢筋砖圈梁,每层不少于 3φ6 的钢筋,两层钢筋之间可以隔一道灰缝,每道钢筋砖圈梁设三层钢筋。

在地震区,为了保证塔身的可靠性,可以在塔身内等间距设置构造柱,构造柱与圈梁整浇,柱内可配 4φ12 的纵向钢筋,箍筋可用 φ6@250,混凝土的强度等级与圈梁相同,不低于 C15,施工时应先砌筒壁砌体,后浇构造柱的混凝土。

钢筋混凝土筒壁式塔身[图 2-21(b)、(c)]可采用普通模板施工,也可采用滑模施工。采用普通模板施工时,壁厚不小于 100 mm;采用滑模施工时,壁厚不小于 160 mm。筒壁采用单层配筋,钢筋靠外侧布置。纵向钢筋的最小配筋率可取 0.4%,也不宜小于 φ12@200,在洞口处的钢筋应予以加强。纵向钢筋上端应伸入水箱下环梁可靠锚固,下端应伸入基础可靠锚固。环向钢筋的最小配筋率为 0.2%,直径不小于 6 mm。筒壁混凝土的强度等级不小于 C20,钢筋的保护层厚度不小于 20 mm。

3. 基础

(1)刚性基础。刚性基础通常由砖或块石砌筑而成,有时也用毛石混凝土浇筑,如图 2-22

所示。刚性基础多用在中、小型水塔和地基条件较好的情况下。

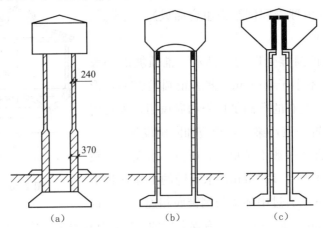

图 2-21　筒壁式塔身类型

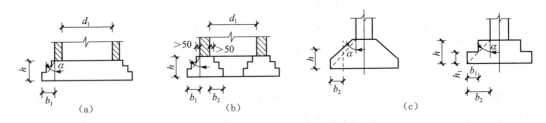

图 2-22　刚性基础

(a)砖砌圆板基础；(b)砖砌圆环基础；(c)素混凝土基础

素混凝土刚性基础各台的宽高比值应满足刚性的要求，见表 2-1，砌体刚性基础的高度和外伸长度也应满足以下要求。

圆板基础：$b_1 \leqslant 0.8h\tan\alpha$，$h \geqslant d_1/3\tan\alpha$。

圆环基础：$b_1 \leqslant 0.8h\tan\alpha$，$b_2 \leqslant h\tan\alpha$。

表 2-1　刚性素混凝土基础台阶宽高比值表

基底平均压力/(kN·m⁻²)		宽高比允许值
混凝土强度等级		$\tan\alpha$
C10	C15	
≤90	≤110	1:1
110	140	1:1.2
140	180	1:1.4
180	230	1:1.6
≥220	270	1:1.8

(2)钢筋混凝土圆板基础和圆环基础。当水塔上部荷载较大，地基条件又较差时，可以选用钢筋混凝土圆板基础或圆环基础。钢筋混凝土塔身的下面也常用这类钢筋混凝土基础，

如图 2-23 所示。

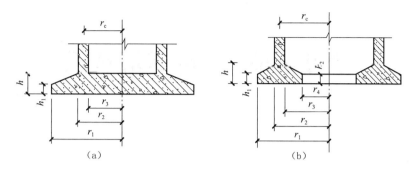

图 2-23　柔性基础

(a)钢筋混凝土圆板基础；(b)钢筋混凝土圆环基础

(3)薄壳基础。薄壳基础是一种空心的薄壁基础，由于薄壳结构具有空间工作的特性，所以在使用材料不多的情况下可以使基础有较大的底面积和刚度。

在水塔中常用 M 形组合壳(图 2-24)以得到较大的底面积，组合壳基础的外围一般用正锥壳，内心一般用倒锥壳。当内壳的水平半径大于 3 m 时，内心也可采用球壳或无拉力扁壳。

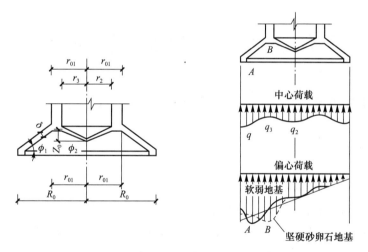

图 2-24　M 形薄壳基础

薄壳基础下的地基反力并非均匀分布，在中心压力作用下，地基反力呈 M 形分布，其中部尖端与四周边缘反力之比为 0.5～1.0，腋部反力与周边反力之比为 0.5～0.8。

在偏心荷载作用下，随着偏心距的增加，因地基的塑性变形引起地基反力重分布，当荷载偏心距达到基础直径的 1/10 时，地基反力重分布，即地基反力最大点在 A 点或 B 点。

(4)柱下单独基础。对地基承载力较高的支架式水塔可以采用柱下独立基础，有时地基条件不太好时也可以采用独立基础，但各独立基础之间应用拉梁联结以防止沉降不均。

学习情境 3　冷却塔认识

　　了解工业循环水冷却设施(冷却塔)的工艺及分类,理解冷却塔的结构要求和材料要求;能看懂冷却塔的构造图,能识读冷却塔的结构施工图,了解冷却塔的施工工艺。

　　熟悉冷却塔的类别及一般规定;合理选用冷却塔的材料;掌握冷却塔的构造要求;掌握冷却塔的结构施工图识读方法;了解冷却塔的施工方法。

学习单元 3.1　自然通风冷却塔认识

3.1.1　任务描述

一、工作任务

识读一套自然通风冷却塔的结构施工图。

双曲线形自然通风冷却塔的设计内容一般包括:总说明、基础挖方图、基础布置图、基础环与回水连接处配筋图、支柱环、斜支柱与基础环配筋图、通风筒几何尺寸详图、通风筒与塔顶刚性环配筋图、塔门详图、自地面至塔门扶梯详图、自塔门至塔顶爬梯详图、塔顶栏杆及避雷装置图。

具体工作任务如下:

(1)通过识读冷却塔的基础图,绘制基坑的形式及尺寸,并描述该种形式基础的优劣。

(2)通过识读冷却塔的基础环与回水连接配筋图,正确叙述基础环的配筋构造、回水沟的设置位置,以及在基础上设置洞口的钢筋加固形式。

(3)通过识读支柱环、斜支柱与基础环配筋图,描述斜支柱的形式、直径、配筋构造,正确理解斜支柱与支柱环和基础环的连接方式。

(4)通过识读通风筒几何尺寸详图,描述通风筒的形式、筒壁厚度变化、通风筒的直径及高度。

（5）通过识读通风筒与塔顶刚性环的配筋图，理解并绘制塔顶刚性环的配筋图，分析通风筒竖向钢筋的分布状况，描述竖向钢筋的搭接要点及搭接长度，正确计算环向钢筋的长度及搭接要求。

（6）通过识读塔门详图，描述塔门的位置及做法。

二、可选工作手段

工业循环水冷却设计规范、施工手册、案例等。

3.1.2 案例示范

一、案例描述

1. 工作任务

某双曲线冷却塔的结构施工图的识读。

本塔为 400 m³ 双曲线形逆流式自然通风冷却塔。本设计包括通风筒、斜支柱、基础环及其他附属结构与设施。

混凝土强度等级、抗渗等级要求。通风筒、支柱环、斜支柱：C30，P8；环形基础：C20，P6；扶梯支柱、支墩：C20；垫层：C10。

钢筋保护层厚度：筒壁为 20 mm；斜支柱为 30 mm；环形基础为 35 mm；扶梯支柱为 25 mm。

2. 可选工作手段

设计规范、标准图集。

二、案例分析及实施

分析冷却塔工程图的内容，确定识图步骤。

1. 识读基础图布置图，判断基础类型

从图中可知，本基础类型（倒 T 形基础）、基础内径及外径尺寸。倒 T 形基础的刚性大，但在基础环上会开孔洞，如回水沟及压力进水管道要通过基础环，会削弱基础环的刚度，识读时要注意基础底板的标高、基础环顶面的标高，以便更好识读回水沟及压力进水管道的工程图。

2. 识读基础环与回水连接处配筋图

基础环与回水连接处的配筋图如图 3-1 所示。

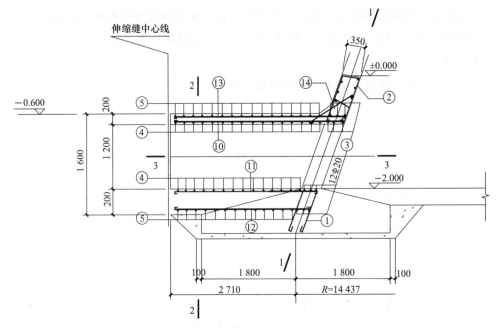

基础环与回水沟连接处配筋图　1：20

图 3-1　基础环与回水连接处配筋图

3. 识读支柱环、斜支柱及基础环配筋图

支柱环、斜支柱及基础环配筋图如图 3-2 所示。

从斜支柱的配筋图，认识斜支柱的截面为圆截面，纵向钢筋在基础环和下环梁中要可靠锚固，锚固长度满足构造要求，环向箍筋为螺旋形钢筋，若为普通箍筋则需另加处理。

从图 3-2 中可识读基础的配筋图，重在理解各类钢筋的长度、形式及分布。

下环梁的配筋图，也要从纵向钢筋、环向钢筋来理解。

4. 识读通风筒及塔顶刚性环配筋图（图 3-3）

分析说明环向钢筋及纵向钢筋的分布、长度计算、搭接要求与搭接长度。

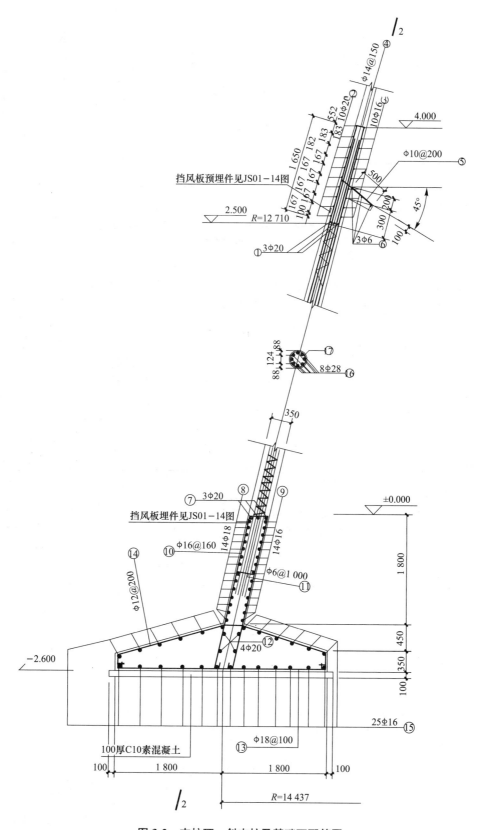

图 3-2　支柱环、斜支柱及基础环配筋图

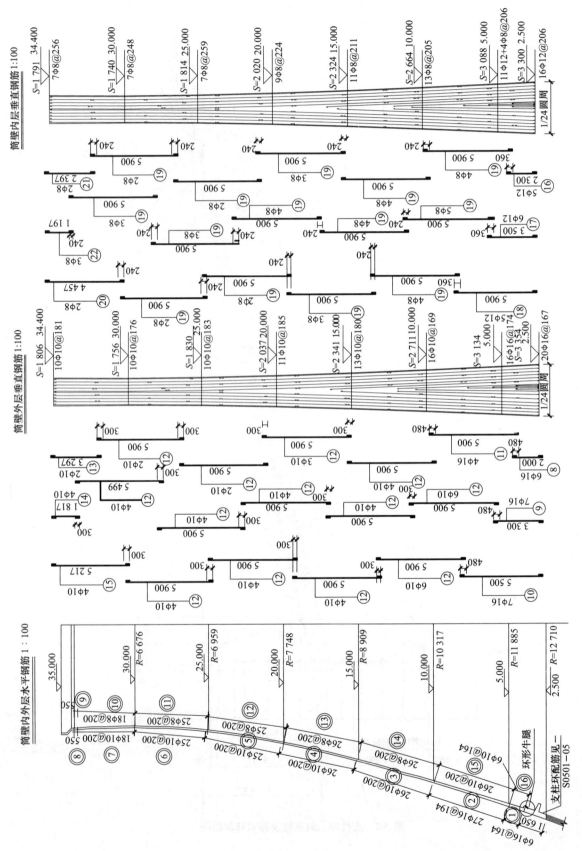

图 3-3 通风筒及塔顶刚性环配筋图

3.1.3 知识链接

冷却塔是用水作为循环冷却剂，从系统中吸收热量排放至大气中，以降低水温的装置；其冷却是利用水与空气流动接触后进行冷热交换产生蒸汽，蒸汽挥发带走热量达到蒸发散热、对流传热和辐射传热等原理来散去工业上或制冷空调中产生的余热来降低水温的蒸发散热装置，以保证系统的正常运行，装置一般为桶状，故名为冷却塔。

冷却塔的分类有以下几种：

(1)按通风方式分，有自然通风冷却塔、机械通风冷却塔、混合通风冷却塔。

(2)按热水和空气的接触方式分，有湿式冷却塔、干式冷却塔、干湿式冷却塔。

(3)按用途分，有一般空调用冷却塔、工业用冷却塔、高温型冷却塔。

本学习情境主要涉及自然通风冷却塔和机械通风冷却塔。

一、自然通风冷却塔概述

火电厂、核电站的循环水自然通风冷却塔是一种大型薄壳形构筑物。建在水源不是十分充足地区的电厂，为了节约用水，需建造一个循环冷却水系统，以使得冷却器中排出的热水在其中冷却后可重复使用。大型电厂采用的冷却构筑物多为双曲线形冷却塔(图 3-4)。此类冷却塔多用于内陆缺水电站。

图 3-4 双曲线自然通风冷却塔

英国最早使用这种双曲线形冷却塔。20 世纪 30 年代以来在各国广泛应用，40 年代在中国东北抚顺电厂、阜新电厂先后建成双曲线型冷却塔群。冷却塔由集水池、支柱、塔身和淋水装置组成。集水池多为在地面下约为 2 m 深的圆形水池。塔身为有利于自然通风的双曲线形无肋无梁柱的薄壁空间结构，多用钢筋混凝土制造。冷却塔通风筒包括下环梁、筒壁、塔顶刚性环三部分。下环梁位于通风筒壳体的下端，风筒的自重及所承受的其他荷载都通过下环梁传递给斜支柱，再传递到基础；筒壁是冷却塔通风筒的主体部分，它是承受以风荷载为主的高耸薄壳结构，对风十分敏感，其壳体的形状、壁厚，必须经过壳体优化计算和曲屈稳定来验算，是优化计算的重要内容；塔顶刚性环位于壳体顶端，是筒壳在顶部的加强箍，其加强了壳体顶部的刚度和稳定性。

斜支柱为通风筒的支撑结构，主要承受自重、风荷载和温度应力。斜支柱在空间是双向倾斜的，按其几何形状有"人"字形、"V"形和"X"形柱，截面通常有圆形、矩形、八边形等。一般按双抛物线设计，基础主要承受斜支柱传来的全部荷载，按其结构形式分为环形基础(包括倒"T"形基础)和单独基础。基础的沉降对壳体应力的分布影响较大、敏感性强，故斜支柱和基础在冷却塔优化计算和设计中也显得十分重要。

冷却塔高度一般为 75～150 m，底边直径为 65～120 m。塔内上部为风筒，筒壁第一节(下环梁)以下为配水槽和淋水装置，统称为淋水构架，多用 PE 或 PVC 材料制成。塔底有一个蓄水池，但需根据蒸发量连续补水。淋水装置是使水蒸发散热的主要设备，运行时，水从配水槽向下流淋滴溅，空气从塔底侧面进入，与水充分接触后带着热量向上排出。冷却过程以蒸发散热为主，一小部分为对流散热。双曲线型冷却塔比水池式冷却构筑物占地面积小，布置紧凑，水量损失小，且冷却效果不受风力影响；它又比机械通风冷却塔维护简便，节约电能；但体形高大，施工复杂，造价较高，多用电动滑模施工。其工作原理图如图 3-5 所示。

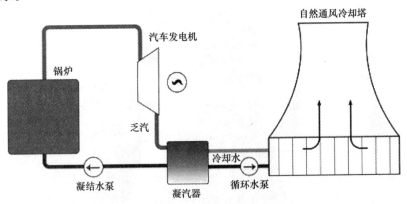

图 3-5　工作原理图

二、双曲线形冷却塔的组成

双曲线形钢筋混凝土冷却塔由塔、支柱、塔基及淋水装置等组成。其中，淋水装置由支承构架、配水系统、淋水填料、集水池部分组成，如图 3-6(a) 所示。

1. 塔筒

塔筒由环梁、筒壁和刚性环三部分组成，是冷却塔的主要构件。

(1)筒壁[图 3-6(b)]。筒壁是钢筋混凝土旋转薄壳。双曲线形冷却塔筒壁中面典型的母线方程为

$$r^2 = \alpha Z^2 + r_0^2$$

式中　r——筒壁中面半径；

　　　r_0——筒壁喉部中面半径；

　　　Z——离喉部距离（向上为正，向下为负）；

　　　α——双曲线系数，α 越大，表示双曲线越倾斜，其值通过设计确定。

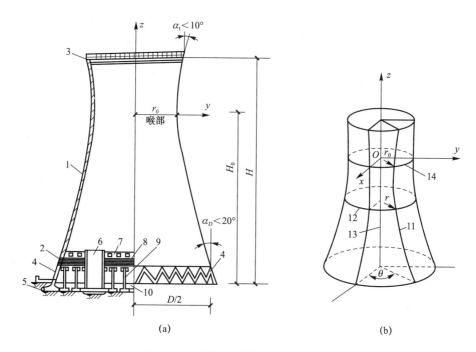

图 3-6　双曲线冷却塔的组成及旋转曲面

(a)冷却塔组成；(b)旋转曲面

1—筒壁；2—环梁；3—刚性环；4—支柱；5—塔基；6—竖井；7—配水装置；8—淋水装置；

9—支承构架；10—集水池；11—母线（子午线）；12—平行圆；13—旋转轴；14—喉部

双曲线形冷却塔有关参数的取值：

1)初步设计时，塔的淋水面积可参考装机容量与淋水面积的关系初步选定（表 3-1），然后通过热力计算确定合适的淋水面积及相应的塔底部直径。

2)塔筒主要几何尺寸、塔高主要由通风计算确定。当计算所得塔的总抽力大于或等于总阻力时，塔的高度则满足要求。塔筒的几个主要几何尺寸的比例关系见表 3-2。

3)塔筒形状，筒壁底子午线倾角 α_D 不宜大于 20°；筒壁顶部切线与垂直线的夹角 α_t 不宜大于 10°，如图 3-6(a)所示。

4)筒壁厚度应根据承载力和稳定性计算确定。同时，还应考虑施工可能性和施工误差的影响，筒壁的最小厚度应符合表 3-3 的要求；塔顶刚性环处的筒壁厚度应渐变加厚。一般情况下，筒壁厚度自下而上逐渐减薄，喉部以上又逐渐变厚。

表 3-1 不同地区装机容量与冷却塔淋水面积的关系

机组容量/MW	严寒地区/m²	寒冷地区/m²
6~50	400~1 500	500~2 000
100~125	2 500~3 000	3 500~4 000
200	3 000~4 000	4 500~5 000
300	6 000	6 500~7 000

表 3-2 塔筒的几个主要几何尺寸的比例关系

几何尺寸的比例	取 值
塔全高 H 与筒底直径 D 之比	一般取 1.2~1.4，大塔趋向于取小值
喉部直径 D_0 与筒底直径 D 之比	一般取 0.55~0.65
喉部高度 H_0 与塔全高 H 之比	一般取 0.8~0.85，大塔趋向于取小值
进风门面积与淋水面积之比	宜为 0.35~0.4
塔筒出口面积与淋水面积之比	一般取 0.4

表 3-3 筒壁最小厚度

淋水面积/m²	筒壁最小厚度/mm
1 000~2 000	120
2 500~4 500	140
5 000~10 000	160

(2)环梁。一般淋水面积为 2 000~5 000 m²，冷却塔的环梁高度为 2~3 m，壁厚为 400~700 mm。寒冷地区的逆流式自然通风冷却塔在环梁下部内侧设挡水檐，檐宽为 300~400 mm，檐与内壁夹角宜为 45°~60°，以防止水溅到支柱上结冰。

(3)刚性环。设置刚性环是为了增加塔顶刚度与稳定性，并用于设置供检修用的人行道和栏杆。人行道宽度为 600~800 mm，沿环向每隔 1.5 m 左右留设一个孔为 100 mm 的检修孔，供检修时穿吊索用。为了检修及运行安全，在塔顶刚性环上尚应设置避雷保护装置和指示灯等设施。

(4)塔筒设计的要求。

1)冷却塔应采用水工混凝土，水泥品种宜采用普通硅酸盐水泥(铝酸三钙含量不宜超过 8%)，混凝土中不得掺用氯盐；混凝土强度等级、抗冻和抗渗等级可按表 3-4 采用；混凝土的水胶比不应大于 0.5；冷却塔宜采用热轧变形钢筋，不得使用冷加工钢筋，塔筒受力钢筋保护层最小厚度应采用 25 mm。

2)筒壁内表面宜设防水层。

3)塔向下的水平施工缝可做成平缝，但必须按规范的规定处理。

4)自然通风冷却塔宜装设除水器。

5)冷却塔上与水汽接触的外露铁件，应采取必要的防腐措施，如采用镀锌铁件及涂刷防腐材料等。

6)在大风地区建造的逆流式自然通风冷却塔，为了防止穿堂风，宜在相互垂直的两个直径方向设挡风隔板，隔板间的水平夹角不宜大于120°。

7)冷却塔应有下列运行、检修及安全设施：

①通向塔内的入口宜呈椭圆形，尺寸以满足单人通过为宜；孔底标高取塔内主水槽顶标高，入口宜正对主水槽，由主水槽顶加设盖板和栏杆形成内通道；孔门用钢板制作；寒冷地区入口应位于向阳侧。

②应有从地面通向塔内和塔顶的楼梯或爬梯，通向塔顶的爬梯应设护栏。

8)寒冷地区的冷却塔，根据具体条件宜采用下列防冻措施：

①在进风口上缘设置向塔内喷射热水的喷水管。喷射热水量，可按冬季设计水量的20%～40%计算。

②自然通风冷却塔可在进风口布置挡风设施。

9)冷却塔应留有供验收测试使用的仪表设备的安装位置，并考虑相应的设施。

表 3-4 冷却塔混凝土的强度等级、抗冻等级和抗渗等级

结构部位	混凝土强度等级	抗冻等级				抗渗等级
		寒冷地区冻融次数		严寒地区冻融次数		
		≤50	>50	≤50	>50	
塔筒及支柱，框架及墙板	C30	F150	F200	F200	F250	P8
集水池壁，倒T形、环板形基础	C25	F100	F150	F150	F200	P6
单独基础及水池底板	C20	—	F50	F50	F100	P4
淋水装置构架	C25	D100	F150	F150	F200	P6
垫层	C10	—	—	—	—	—

2. 支柱的设计与施工

(1)布置形式：支柱应沿塔筒底部沿圆弧均匀布置，其形式有人字形和X形。X形支柱常用于大型冷却塔。

(2)高度：支柱的高度根据冷却塔所需的进风口高度确定。一般逆流塔的进风口面积与淋水面积之比宜为0.35～0.40，据此比值确定进风口高度，支柱高度也随之确定。

(3)截面形式：支柱的截面形式，从承载能力的角度考虑，宜尽量使截面两个主轴方向的惯性矩相等；从改善空气流态和减少进塔气流的阻力来看，支柱宜采用圆形截面。为了施工方便，也可采用矩形或方形截面。

(4)施工方案：支柱现浇方案是将支柱和塔筒环梁整体现浇，其特点是必须搭设支承环梁全部施工荷载的环向排架。现浇方案施工比较简单，作业条件比较好，结构整体性强，但一次性耗用材料多，排架搭设工作量大，工期较长。

支柱预制方案耗用材料少，提高了预制装配率，因而可以缩短工期，但结构整体性差，支柱预制需要较大的施工场地和相应的吊装机械，而且现场焊接工作量较大。

3. 基础

冷却塔的基础常采用倒 T 形基础或环板形基础，如图 3-7 所示。

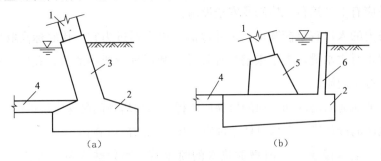

(a)　　　　　　　　　　(b)

图 3-7　冷却塔基础的形式

(a)倒 T 形基础；(b)环板形基础

1—支柱；2—基础；3—柱放脚(兼池壁)；4—池底板；5—支柱墩；6—池壁

　　倒 T 形基础刚性大，能较好地适应地基的变形；缺点是在进出水管沟处，基础的刚度降低较多。倒 T 形基础常用于天然地基较差的中小型塔，这种基础的柱脚往往兼作水池的池壁。

　　环板形基础受力明确，节省钢材，便于布置进入塔内循环水管，施工方便。环形基础长度大于 200 m 时，宜采用分段跳仓浇筑混凝土，防止产生收缩裂缝，分段长度为 25～40 m，分段面宜设置在斜支柱跨度的 1/4 处。运行时环板全部浸入水中，有利于减少运行阶段的温度应力。天然地基较好的大中型塔一般都选用环板形基础。

　　单独基础，当地基为岩石时也可采用。

　　塔基设计时应符合下列要求：

　　(1)塔基对混凝土的要求见表 3-4。

　　(2)钢筋采用热轧带肋钢筋。

　　(3)自然通风冷却塔进水管穿越基础时，可设置穿墙套管。

　　(4)塔基与集水池底板、回水沟之间应设置沉降缝，沉降缝宜采用止水带或填柔性防水填料。

　　(5)自然通风冷却塔的基础应在环向设置不少于 4 个沉降观测点。

　　(6)寒冷地区的冷却塔冬季停止运行时，水池应用热水循环或对水池及环形基础采取保温措施，以防止地基冻胀及产生不利的温度应力。环形基础施工完毕应及时回填，未投入运行前如要越冬，水池应采取保温措施。

4. 淋水装置

淋水装置又称塔芯，包括支承构架、配水系统及淋水填料等，如图 3-8(a)所示。

　　(1)支承构架。支承构架一般由预制钢筋混凝土主、次梁和柱装配而成。次梁通过预埋件支承在主梁上，主梁则支承在柱牛腿上。构架支柱下设单独基础。构架设计应符合下列要求：

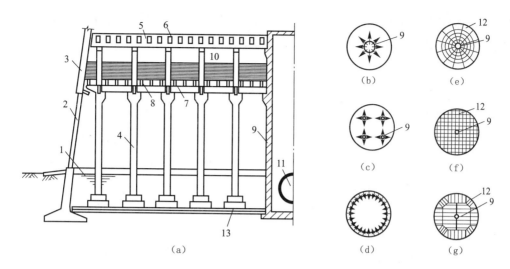

图 3-8　塔芯构造及配水系统布置

(a)塔芯构造示意图；(b)一点配水；(c)多点配水；(d)环状外围配水

(e)径向布置；(f)正交布置；(g)其他布置

1—集水池；2—支柱；3—筒壁；4—构架支柱；5—主水槽；6—配水槽；7—主梁；8—次梁；

9—竖井；10—淋水填料；11—压力进水管；12—主水槽或配水干管；13—支柱基础

1)结构布置稳定，构件类型较少。梁一般采用矩形截面，柱一般采用方形截面。

2)支承构架的混凝土应符合表 3-4 的要求。

3)构件应具有足够的承载能力和刚度。

4)便于淋水填料的安装和检修。

5)预制钢筋混凝土构件的接头要具有足够的刚度。其接头方式有：留出钢筋头进行二次浇灌；或利用预埋铁件进行焊接；或两者兼用。鉴于塔内腐蚀性较强，故应尽量避免外露铁件，如有外露铁件，应采取防腐蚀措施。

(2)配水系统。配水系统由配水竖井、配水槽管和喷溅装置三部分组成。

配水竖井常见的布置形式有单竖井和多竖井两种。单竖井设在塔中心部位，多竖井设在塔内对称部位，如图 3-8(b)、(c)所示。竖井由钢筋混凝土浇筑而成，水平截面为圆环形或正方形，井壁可兼作淋水装置构架的支柱。

配水槽管在逆流塔中，常用的配水系统有槽式、管式和槽管结合式三种。配水系统按进水方式可分为一点配水(单竖井)、多点配水(多竖井)和外圈配水(外部水槽或水管)等，如图 3-8(b)、(c)、(d)所示。按主水槽和配水干管的平面位置，可分为径向布置、正交布置和其他布置等，如图 3-8(e)、(f)、(g)所示。其中，正交布置施工方便，工程应用较多。

常用的配水系统形式的特点如下：

1)槽式配水系统。由主水槽和配水槽组成，为无压配水。水槽一般采用钢筋混凝土在施工现场预制，截面多为矩形。主水槽一般安装在构架支柱的顶端，配水槽与主水槽的连接一般采用插入式。主、配水槽底面宜水平放置。水槽连接处应圆滑，水流转弯角不宜大于 90°。水槽截面尺寸根据结构要求、槽内水流流速和水深而定。在设计水量时，主、配水槽的起始断面流速宜分别采用 0.8～1.2 m/s 及 0.5～0.8 m/s。配水槽内的水深应大于喷嘴内径的 6 倍，且不宜小于 0.15 m，配水槽净宽不宜小于 0.12 m，槽壁应具有不小于 0.1 m 的超高。

优点：耐久性好，配水水头要求低，槽内水流阻力小且易于维修。

缺点：水槽占用塔内空间较多，通风阻力较大，对冷却塔的冷却效率有一定影响。

2)管式配水系统。由配水干管和支管组成，为有压配水。管材宜采用塑料管或石棉水泥管。配水干管的起始断面流速，在冷却塔设计水量时，宜采用 1.0～1.5 m/s。配水管的管径根据其上喷水嘴的数量选用，一般为 0.15～0.25 m。

优点：配水均匀，所占通风面积少，通风阻力小，而且施工安装方便。

缺点：水头要求高且管道清污较困难。

3)槽管结合式配水系统。一般由主水槽和配水管构成，水槽为无压明槽，配水管为承压管；具有槽式和管式配水系统的综合优点，但管槽结合处水流阻力较大。

目前，国内普遍采用由 ABS 工程塑料制成的反射型喷溅装置，如适用于逆流塔的反射Ⅱ型、Ⅲ型喷溅装置，如图 3-9 所示。

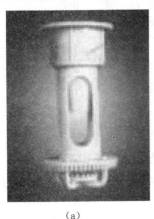  

(a)   (b)   (c)

图 3-9　喷溅装置

(a)反射Ⅰ型；(b)反射Ⅱ型；(c)反射Ⅲ型

(3)淋水填料(图 3-10)。按材料分，常用的有水泥网格板、水泥淋水板条、塑料波纹板等。

5. 集水池

集水池的设计应符合下列要求：

(1)容积和深度应具有足够的容积，但也不宜太深。一般以池中水深不大于 2 m 为宜。

(2)池壁应具有 0.2～0.3 m 的高度，并应设置溢流管。

(3)集水池的全池(或局部池底)应有适当坡度，以便汇集污物及排水。

(4)集水池周围应设回水台，其宽度为 1.5～2.0 m，坡度宜为 1%～3%，回水台外围应有防止周围地表水流入集水池内的措施。

图 3-10 玻璃钢托架和淋水填料

(5)池底板厚度根据计算确定，一般不宜小于 150 mm。

(6)底板与混凝土垫层之间应设沥青防水层，以提高抗渗性。

(7)集水池板宜设伸缩缝，底板与基础间(环形基础、竖井基础及淋水构架支柱基础)应设沉降缝。伸缩缝和沉降缝宜采用止水带或填柔性防水填料。

(8)设计要求：集水池池壁、底板及垫层对混凝土材料的要求见表 3-4。

三、双曲线冷却塔的配筋构造

(1)风筒式自然通风冷却塔塔筒在子午向及环向均需双层配筋，钢筋截面按计算确定。最小配筋率在子午向及环向的内层和外层均不小于混凝土计算截面的 0.2%。

(2)塔筒的双层配筋间，应设置拉筋，拉筋直径不应小于 6 mm，子午向及环向间距为 600~700 mm，拉筋应交错布置。

(3)筒壁子午向及环向受力钢筋接头的位置应相互错开，在任一搭接长度的区段内，有接头的受力钢筋截面面积占受力钢筋总截面面积，子午向应按 1/3 采用，环向应按 1/4 采用。

(4)塔筒基础、塔筒支柱及环梁的钢筋接头处宜采用绑扎连接或焊接，受力筋直径 d 大于 28 mm 时，不宜采用绑扎接头。

(5)塔筒支柱钢筋伸入环梁的长度应采用 60~80 倍钢筋直径；伸入基础的长度应采用 40~60 倍钢筋直径。

(6)塔筒及基础池壁上开孔处应设置加强钢筋，在孔洞四周加设水平筋、垂直筋和对角处斜钢筋，每侧水平筋或垂直筋的截面应不小于开孔处被切断钢筋截面的 0.75 倍。

(7)受力钢筋保护层最小厚度应采用的塔筒、墙板(机械塔)为 25 mm，塔筒支柱为 35 mm，塔筒基础为 35 mm，框架(机械塔)为 30 mm，水池底板为 25 mm，淋水装置构架为 20～30 mm；当筒壁为 120 mm 时，可采用 20 mm。

(8)冷却塔集水池底板与柱基为分离式时，其底板厚度不宜小于 150 mm，底板上层宜设 φ8 构造钢筋，间距为 200～250 mm。底板与混凝土垫层之间应设沥青防水层。

学习单元 3.2　机械通风冷却塔认识

3.2.1　任务描述

一、工作任务

识读一套机械通风冷却塔结构施工图。

图 3-11～图 3-13 所示为某钢筋混凝土机械通风冷却塔施工图。

具体工作任务：

(1)识读机械通风冷却塔立面图，描述机械通风冷却塔的组成。

(2)识图机械通风冷却塔平面图，描述各组成部分所在位置。

(3)识读机械通风冷却塔的框架结构图，绘制梁柱截面配筋图。

二、可选工作手段

标准图集、设计规范等。

3.2.2　案例示范

一、案例描述

本案例为某钢厂冷却水改造工程的钢筋混凝土框架结构机械通风冷却塔，内容包括设计总说明、平面布置图、框架结构图、模板图及预埋件图。

二、案例分析与实施

1. 识读平面布置图(图 3-14～图 3-17)

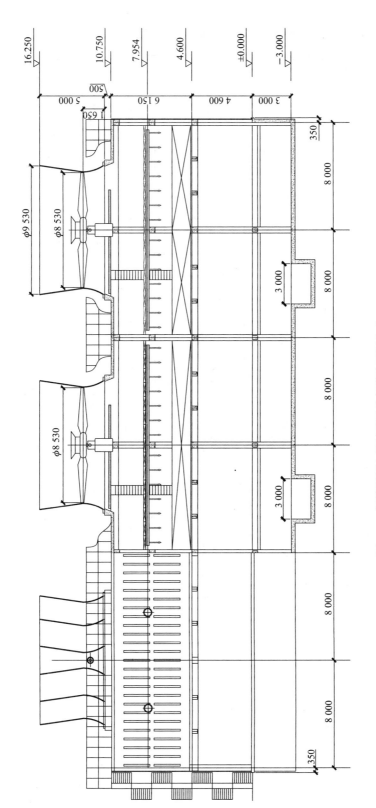

图 3-11 钢筋混凝土机械通风冷却塔施工图（一）

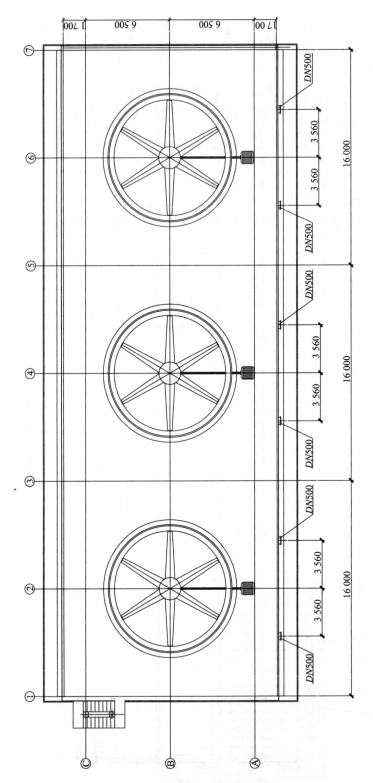

图 3-12 钢筋混凝土机械通风冷却塔施工图（二）

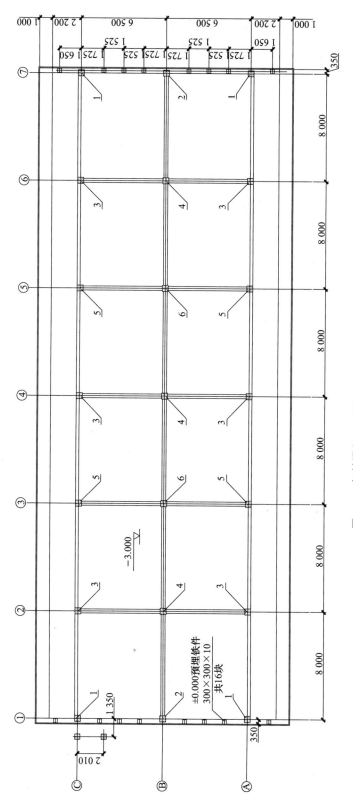

图 3-13 钢筋混凝土机械通风冷却塔施工图（三）

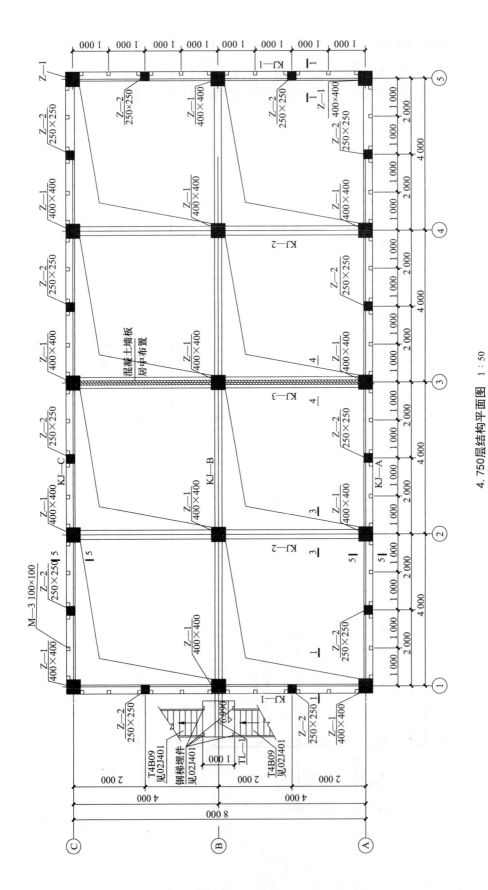

4. 750层结构平面图 1 : 50

图 3-14 机械通风冷却塔平面布置图(一)

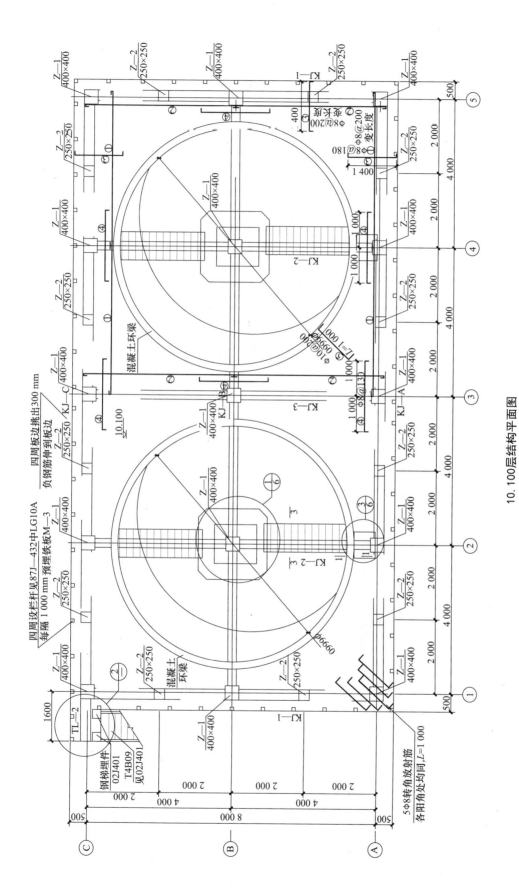

10. 100层结构平面图

图 3-15 机械通风冷却塔平面布置图(二)

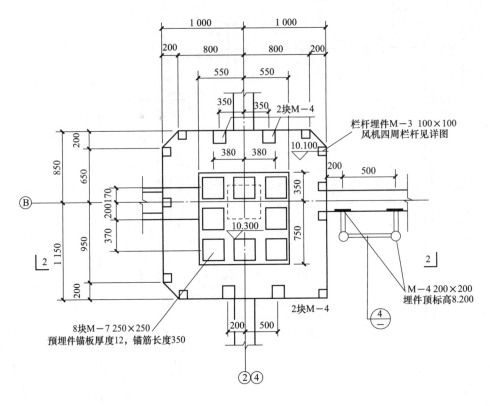

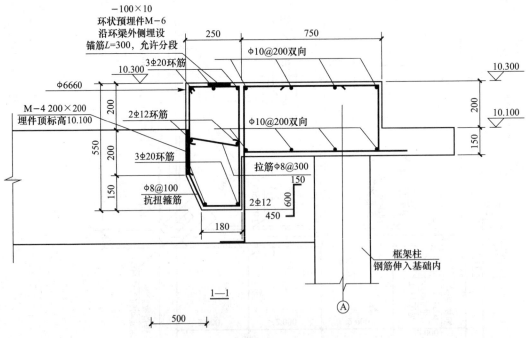

图 3-16　机械通风冷却塔平面布置图(三)

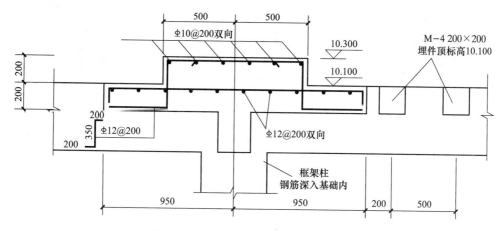

图 3-17 机械通风冷却塔平面布置图(四)

2. 识读框架结构图(图 3-18～图 3-20)

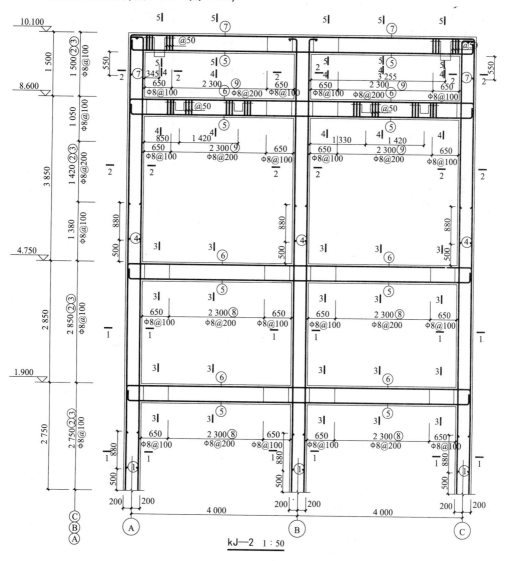

图 3-18 机械通风冷却塔框架结构图(一)

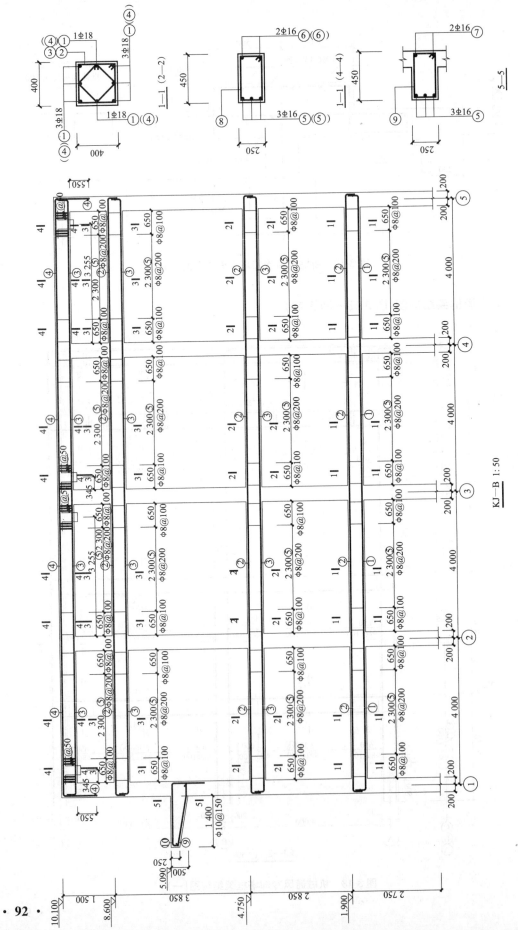

图 3-19 机械通风冷却塔框架结构图（二）

KJ—B 1:50

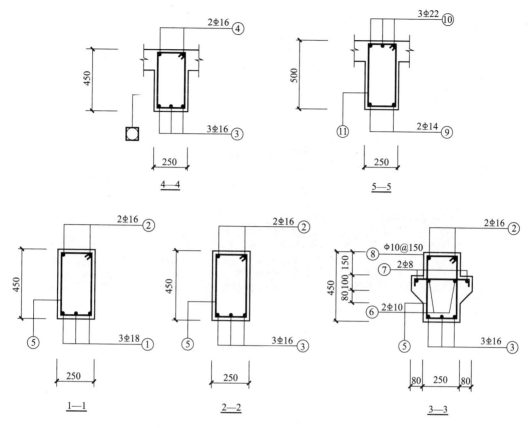

图 3-20 机械通风冷却塔框架结构图(三)

3.2.3 知识链接

一、机械通风冷却塔概述

机械通风冷却塔是工业循环水冷却的一种设施,如图 3-21 所示。

机械通风冷却塔初期投资小、建设工期短、布置紧凑、占地少,可以使冷却后水温较低,冷却后水温与空气温度差可达到 3 ℃～5 ℃,冷却效果稳定,适宜在空气湿度大、温度高、要求冷却后水温比较低的情况下采用。机械通风冷却塔需要风机设备及经常运行中的电耗,较之风筒式冷却塔增加了检修维护工作量的运行费。

图 3-21　机械通风冷却塔

二、机械通风冷却塔的组成

机械通风冷却塔的组成如图 3-22 所示。

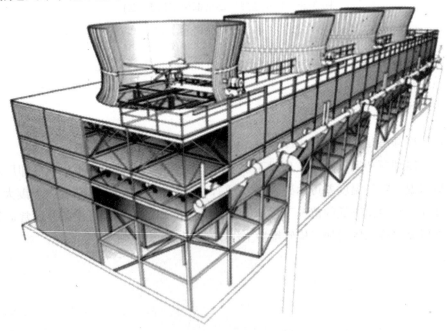

图 3-22　机械通风冷却塔的组成

1. 支撑结构

支撑结构为钢筋混凝土框架结构，振动小，强度高。钢件采用热镀锌钢涂环氧沥青漆。

2. 围护结构

围护结构采用高强度复合材料，表层为进口彩色胶衣，内含紫外线吸收剂，抗老化，难褪色，光洁如镜，可根据用户要求选择塔体颜色。

3. 风筒

风筒为高强度复合材料动力回收型风筒，气流组织合理，效率高，重量轻，耐腐蚀。

4. 风机

风机采用机翼型环氧玻璃钢叶片，风量大，效率高，噪声低，耐腐蚀，装拆方便。

5. 减速机

减速机采用卧式轴传动齿轮减速机，齿轮采用钛合金钢制造，经渗碳淬火处理，保证齿轮具有很高的耐磨性和抗冲击性。配有塔外油标，维护方便，可根据用户要求配备油温报警器和振动速度报警器。

6. 电机

电机为冷却塔专用电机，防护等级 IP55，可根据用户要求配用防爆电机、多速电机。

7. 填料

填料采用斜梯形波改性 PVC 填料，表面积大，对水再分配能力强，水膜均匀，水停留时间长；组装粘结牢固，不倒伏，不变形，不易堵塞；耐温$-35\ ℃\sim65\ ℃$，阻燃。

8. 配水系统

配水系统为管式配水，采用多层流喷头，布水均匀，无空心，强度高，不易损坏。

9. 收水器

采用收水器，收水效果显著，飘水量小于 0.01%。

三、空冷器(空冷岛)

空冷器是空冷式换热器的简称，是利用自然界的空气来对工艺流体进行冷却(冷凝)的大型工业用热交换设备，与水冷却方式比较，具有冷源充足、可节省冷却用水、减少环境污染和维护费用低廉的优点。根据其所应用的领域，可分为电站空冷器、石化空冷器等。

火力发电需要对蒸汽机进行冷却。传统火电站采用水冷方式，需消耗大量淡水，一套$2×60$万千瓦水冷发电机组的年耗水量达到 1560 万吨，相当于 36 万城市居民 1 年的生活用水量。空冷电站采用空气冷却，水的消耗量只相当于水冷电站的 20%～35%，节水性能显著。由于空冷电站的耗水量仅为水冷电站的 1/3，适合我国缺少水而煤炭资源丰富的三北地区，特别适合大型的火力电站。在政府的强力节水政策下，空冷几乎成了我国北方火力电站冷却方式的唯一选择。即便在水资源相对丰富的我国南部地区，随着生活和工业用水费用的不断提高，目前，空冷电站经济性略逊于水冷电站的局面也会发生重大改变。图 3-23 所示为大唐甘肃景泰电厂的空冷岛。

图 3-23 大唐甘肃景泰电厂

空冷岛的组成包括：

(1)汽轮机低压缸排汽管道。

(2)空冷凝汽器管束。

(3)凝结水系统。

(4)抽气系统。

(5)疏水系统。

(6)通风系统(图 3-24)。

(7)直接空冷支撑结构。

(8)自控系统。

(9)清洗装置。

图 3-24 空冷岛通风系统

学习情境 4　筒仓认识

能说出筒仓的类别、组成及应用；能描述筒仓的布置要求；能描述筒仓的结构构造要求；能够看懂筒仓的结构施工图。

了解筒仓的类别及一般规定；熟悉筒仓的布置要求；掌握筒仓的组成及结构构造要求；掌握筒仓的结构施工图识读方法；了解筒仓的施工方法。

学习单元 4.1　钢筋混凝土筒仓认识

4.1.1　任务描述

一、工作任务

识读一套钢筋混凝土筒仓的结构施工图，一般包括筒仓立面图及剖面图、基础结构图、筒壁及仓壁配筋图、漏斗配筋图、顶板配筋图等。

具体工作任务如下：

(1)通过识读筒仓的立面图及剖面图，描述工程图中筒仓的类型、布置形式及结构组成。

(2)描述筒仓各组成部分的特点，如筒壁的厚度、支承结构形式、漏斗的形式、仓顶和仓底的做法。

(3)通过识读基础图，分析基础的类型、基础配筋要求，正确计算钢筋材料表。

(4)通过识读筒壁和仓壁的配筋图，描述竖向钢筋和环向钢筋的布置要点，以及仓壁或筒壁相连时的配筋构造要求。

(5)通过识读顶板配筋图，说出仓顶的类型，正确理解钢筋材料表。

(6)通过识读漏斗平面图，说出漏斗与仓底的形式以及如何配筋。

二、可选工作手段

钢筋混凝土筒仓设计规范、施工手册、案例等。

4.1.2 案例示范

一、案例分析

某煤仓直径为 10 m，钢筋混凝土结构，工程图纸包括筒仓立面及剖面图、基础结构图、筒壁及仓壁配筋图、漏斗配筋图、顶板配筋图等。

二、案例实施

理解工作任务，结合工程图内容，进行识图。

(1)从立面图和剖面图(图 4-1)，理解其结构组成和内部构造，确定仓顶的形式、支承结构的类型、漏斗的形式。

(2)看基础图，先看平面布置图(图 4-2)，结合基础详图，可判断基础的类型为筏形基础。

(3)仓底配筋图(图 4-3)。仓底包括平(梁)板、漏斗。

(4)仓壁配筋图(图 4-4)。

(5)筒壁配筋图(仓下支承结构为筒壁支承)(图 4-5)。

(6)仓顶配筋图(图 4-6、图 4-7)。仓顶为梁板仓顶，看懂梁配筋平法图。

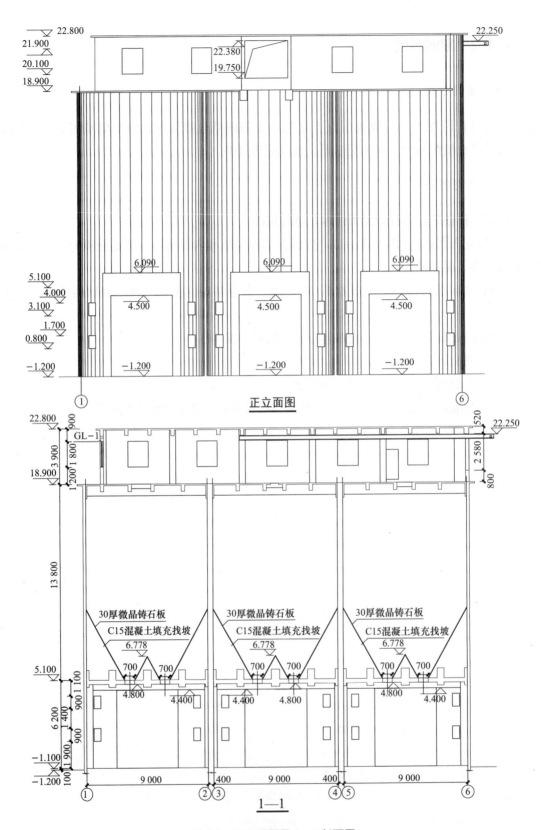

图 4-1 正立面图及 1—1 剖面图

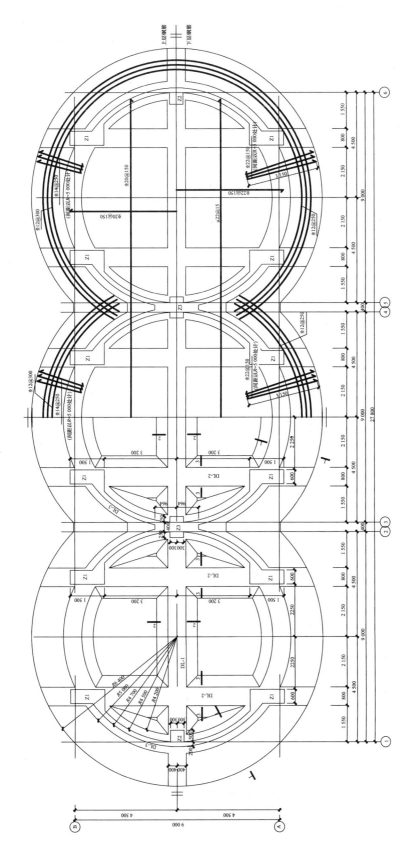

标高-1.100平面图
（底板厚度600）

图 4-2 平面布置图

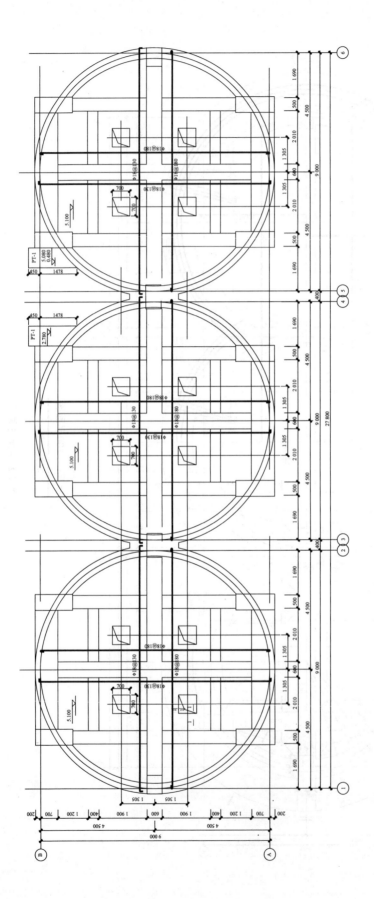

漏斗底板配筋平面图
板厚*h*=300

图 4-3 仓底配筋图

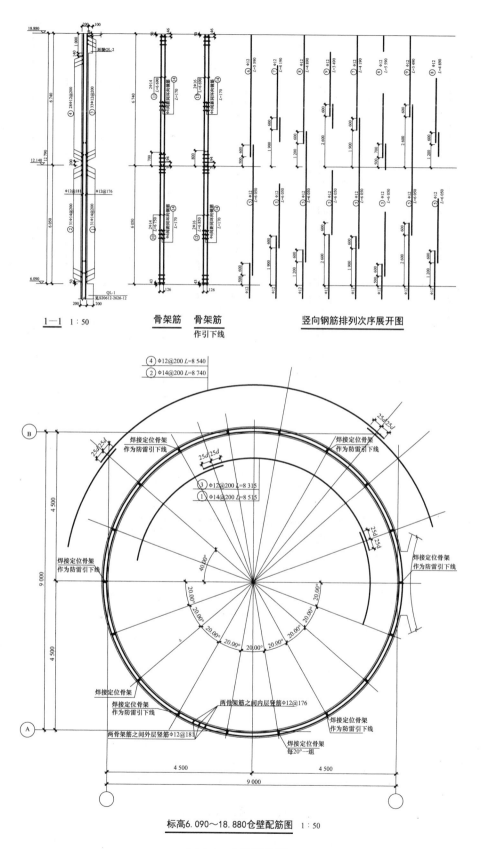

图 4-4 仓壁配筋图

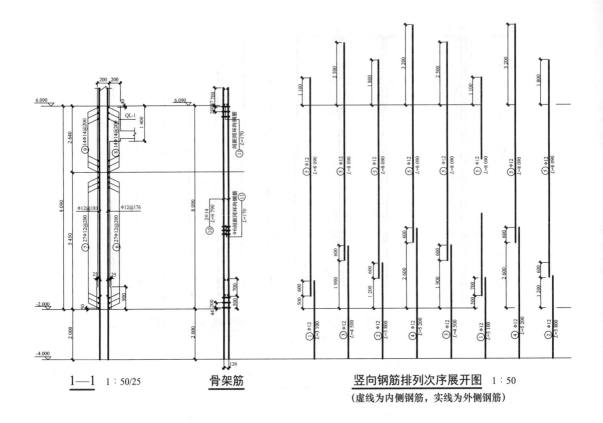

1—1 1：50/25　　骨架筋　　竖向钢筋排列次序展开图 1：50
（虚线为内侧钢筋，实线为外侧钢筋）

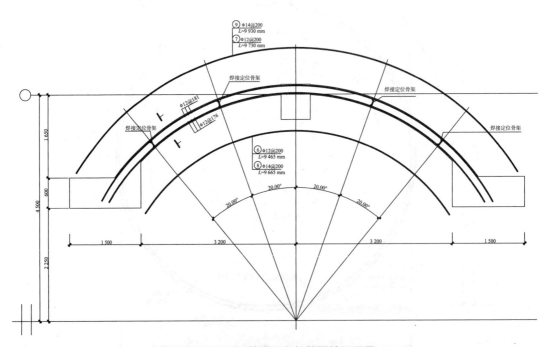

标高-2.000～6.090筒壁环向钢筋配筋平面图 1：25

图4-5 筒壁配筋图

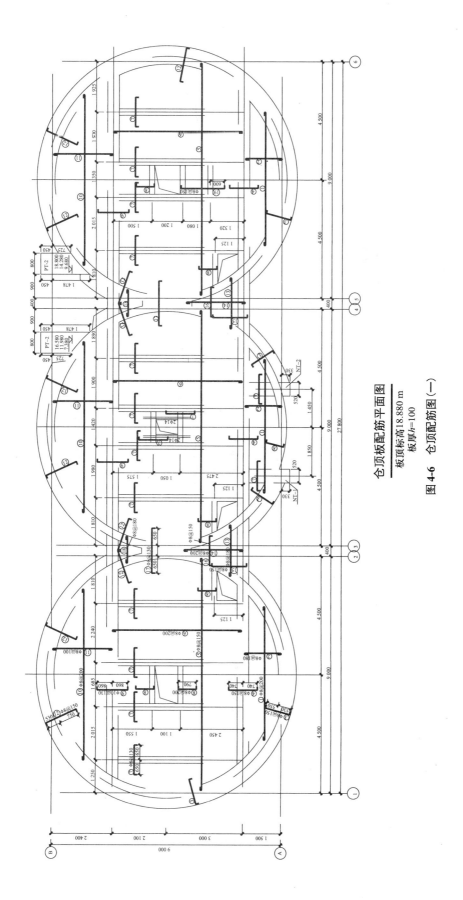

仓顶板配筋平面图

板顶标高18.880 m

板厚h=100

图 4-6 仓顶配筋图（一）

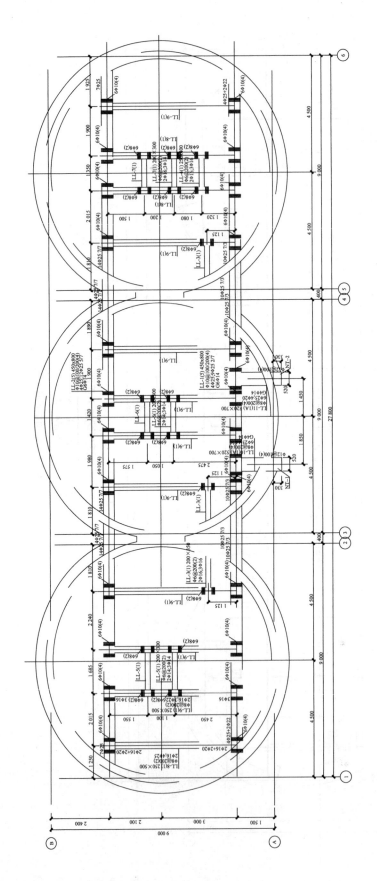

仓顶梁配筋平法图

梁顶标高18.880 m

图 4-7　仓顶配筋图 (二)

4.1.3 知识链接

一、筒仓概述

筒仓即贮存散装物料的仓库，分农业筒仓和工业筒仓两大类。农业筒仓用来贮存粮食、饲料等粒状和粉状物料；工业筒仓用以贮存焦炭、水泥、食盐、食糖等散装物料。

根据筒壁所用材料不同，可分为砖砌筒仓、钢筋混凝土筒仓和钢筒仓，如图 4-8 所示。

(a)　　　　　　　　　　　　　(b)

图 4-8　钢筋混凝土筒仓和钢筒仓

(a)钢筋混凝土筒仓；(b)钢筒仓

筒仓的平面形状有正方形、矩形、多边形和圆形等，如图 4-9 所示。圆形筒仓的仓壁受力合理，用料经济，所以应用最广。当储存的物料品种单一或储量较小时，用独立仓或单列布置；当储存的物料品种较多或储量大时，则布置成群仓；筒仓之间的空间称星仓，也可供利用，如图 4-10 所示。

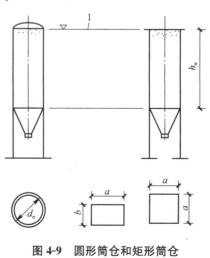

图 4-9　圆形筒仓和矩形筒仓

1—贮料面

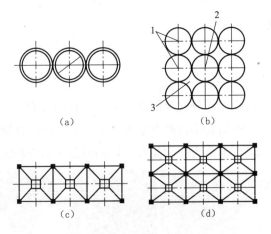

图 4-10　群仓的布置方法

(a)单排圆形筒仓；(b)多排圆形筒仓；(c)单排矩形筒仓；(d)多排矩形筒仓

1—外仓；2—内仓；3—星仓

　　圆筒群仓的总长度一般不超过 60 m，方形群仓的总长度一般不超过 40 m。群仓长度过大或受力和地基情况较复杂时应采取适当措施，如设伸缩缝，以消除混凝土的收缩应力和温度应力所产生的影响；设沉降缝，以避免由于结构本身不同部分间存在较大荷载差或地基土承载能力有明显差别等因素而导致的不均匀沉降的影响；设防震缝，以减轻震害等。

　　筒仓采用砖石、木材、钢筋混凝土或钢材建造，本学习情境主要讲解钢筋混凝土筒仓和钢筒仓。砖砌筒仓一般为贮量较小的圆形筒仓，其优点是就地取材，一般用烧结普通砖砌筑。

二、筒仓的组成

　　筒仓结构一般由六部分组成，即仓上建筑物、仓顶、仓壁、仓底、仓下支承结构(筒壁或柱)、基础，如图 4-11 所示。

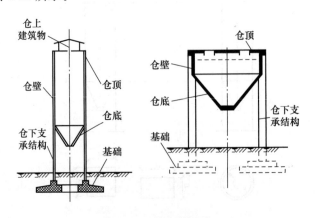

图 4-11　筒仓的组成

三、钢筋混凝土筒仓

钢筋混凝土筒仓可分为预制装配式和整体现浇式，预应力与非预应力筒仓。从经济和耐久性等方面考虑，工程上应用最为广泛的是整体现浇式的普通钢筋混凝土筒仓。

筒仓按照平面形状分为圆形、矩形、多边形。目前应用最多的是圆形与矩形筒仓，根据筒仓高度和平面尺寸的关系，可分为浅仓和深仓(图 4-12)。浅仓主要为短期贮料用，可自动卸料(图 4-13)；深仓中所存松散物体的自然坍塌线经常与对面立壁相交，形成料拱引起卸料时堵塞，因此，从深仓中卸料需要用动力设施或人力，深仓主要供长期贮料用(图 4-14)。

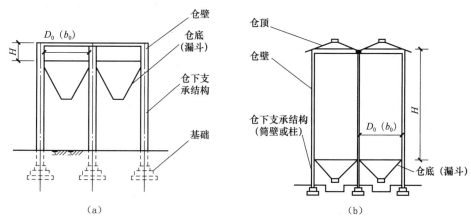

图 4-12　筒仓的形式

(a)浅仓；(b)深仓

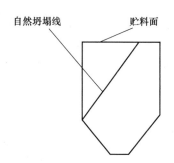

图 4-13　浅仓的自然坍塌线

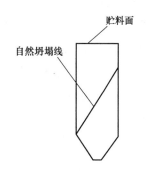

图 4-14　深仓的自然坍塌线

浅仓与深仓的划分界限为：

当 H/D_0(或 H/b_0)$\leqslant 1.5$ 时，为浅仓；

当 H/D_0(或 H/b_0)> 1.5 时，为深仓。

其中，H 为贮料计算高度；D_0 为圆形筒仓的内径；b_0 为矩形筒仓的短边长。

四、钢筋混凝土筒仓的布置原则

1. 浅仓

浅仓一般设置在车间内部，由于车间柱网为矩形布置，所以浅仓平面一般采用矩形，若在布置上无特殊要求，如露天的浅仓，通常采用圆形平面。浅仓布置可根据单仓容量及工艺要求，设为独立仓、单排仓和多排群仓(图4-15)。

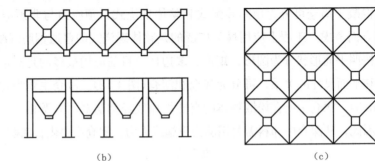

图4-15 浅仓的布置形式

(a)独立仓；(b)单排仓；(c)多排群仓

仓壁和筒壁外圆相切的圆形群仓总长度超过50 m或柱子支承的矩形群仓总长度超过36 m时，应设伸缩缝。

由于浅仓的外形及仓体各构件尺寸的不同，将直接影响到仓的受力性能，故按浅仓的受力情况，可分为下面几种(图4-16)：

(1)无竖壁的漏斗浅仓：无仓壁，仓底又称漏斗，通过漏斗仓上的上口边缘处的边梁直接支承在柱子上。

(2)带竖壁的低壁浅仓：竖壁的高度小于其短边的一半。

(3)带竖壁的高壁浅仓：竖壁的高度等于或大于其短边的一半，并小于短边的1.5倍。

(4)带竖壁的槽形浅仓：竖壁的高度小于长边的一半，此种槽形浅仓对于贮料品种单一且要求多个卸料口的装车仓较适用，对于卸料较为有利，经济性较好。

(5)单斜浅仓：单斜浅仓的仓底结构可设为梁板式结构，也可设成平板式结构。但是，一般只有跨度大时才采用梁板式结构。

(6)平底浅仓：优点是施工方便。

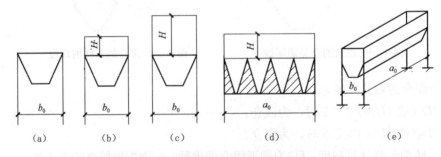

图4-16 按竖壁尺寸划分的浅仓形式

(a)漏斗浅仓；(b)低壁浅仓；(c)高壁浅仓；(d)、(e)槽形浅仓

2. 深仓

钢筋混凝土深仓通常作为长期贮存谷物、水泥等松散材料的仓库，一般设计成独立的

群仓(图 4-17)，平面形状一般为圆形，与矩形深仓相比，其具有体型合理，仓体结构受力明确，计算与构造简单，便于滑模连续施工，仓内死料少，有效贮存率高，经济效果显著等优点。

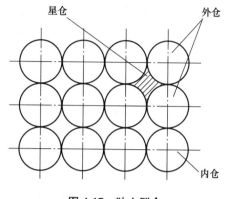

图 4-17 独立群仓

圆形群仓的仓壁连接方式有外圆相切(图 4-18)和中心线相切两种。外圆相切便于施工及配筋，对于直径大于 18 m 的群仓，还可以克服地基不均匀沉降的缺点，因此，工程上大部分采用这种形式。

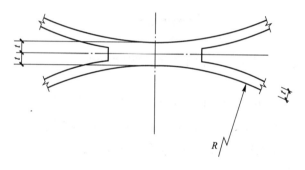

图 4-18 圆形群仓外圆相切

为了有利于施工模具定型化和重复使用，有利于提高设计套用率，对圆形筒仓，$D \leqslant 12$ m 时，采用 2 m 的模数；$D > 12$ m 时，采用 3 m 的模数。

群仓的仓体总长度一般不超过 48 m，最大不应超过 60 m，否则应设伸缩缝。圆形群仓的伸缩缝，除岩石地基外，应做成贯通式，将基础断开，此时伸缩缝又是沉降缝，缝宽应符合防震缝的要求。

筒仓在下列情况下宜设沉降缝：毗邻的建筑物或构筑物与筒仓之间；地基土的压缩性有显著差异处。沉降缝的宽度应确保在基础倾斜时，能防止缝两侧的筒仓或其他建筑物(构筑物)内倾而相互挤压。

当筒仓与筒仓之间或筒仓与邻近建筑物或构筑物之间隔开一定距离，因工艺要求又必须相互连接时，其连接结构应采用能自由沉降，且有足够支承长度的简支结构，也可采用悬臂结构。

紧挨筒仓不宜设置堆料场，当必须设置时，应考虑堆料对仓体筒壁产生的倾向压力以及地基不均匀沉降等不利影响，限制筒仓倾斜率在允许值内或采取防止地基下沉的措施。

深仓仓壁的厚度的选择可同浅仓。

深仓的结构组成一般包括仓上建筑物、仓顶、仓壁、仓底、仓下支承结构及基础六个部分，如图 4-19 所示。

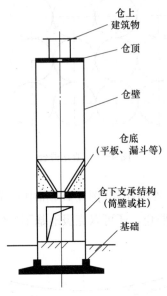

图 4-19　深仓的结构组成

(1)仓底。仓底是指直接承受贮料垂直压力的漏斗、平(梁)板加填料漏斗等结构。经验表明，仓底结构耗钢量约为整个筒仓的 30%，因此，仓底的形式是否合理，对于材料指标、滑模施工的连续性、计算工作量以及卸料的通畅等均有很大影响。

仓底选型的原则为：

1)卸料通畅。

2)荷载传力明确，结构受力合理。

3)造型简单，施工方便。

4)填料较少，填料是指用于仓底构成卸料斜坡的填充材料。

钢筋混凝土仓底形式有整体连接形式和非整体连接形式，如图 4-13 所示。常用形式有锥形漏斗，与仓壁整体连接，这种形式的优点是整体性好；其缺点是计算复杂，不便于滑模施工。另一种形式为钢锥形漏斗与仓壁非整体连接或梁板式平底加填料漏斗以及仓底填料直接落地，这种连接方法便于施工，计算简便，其中，梁板式仓底用得较多，经济指标较好。

(2)仓下支承结构。常见的仓下支承结构形式如图 4-20 所示，有柱子支承、筒壁支承、筒壁与内柱共同支承几种形式。当直径大于 10 m 时，宜优先采用筒壁与内柱共同支承的形式；对于筒仓的仓下支承结构，一般宜选用柱子支承。

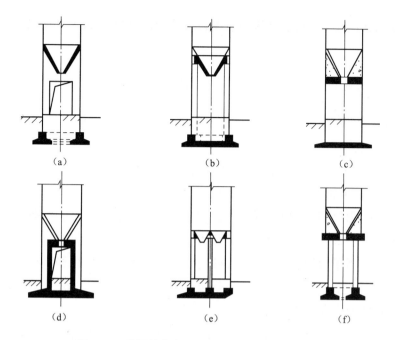

图 4-20　常用的仓底型式及仓下支承结构示意图

(a)漏斗与仓壁整体连接，筒壁支承；(b)漏斗与仓壁非整体连接，带壁柱的筒壁支承；(c)平板加填料漏斗，

筒壁支承；(d)通道式仓底；(e)梁板仓底与仓壁非整体连接，筒壁支承；(f)平板仓底，柱支承

柱子支承结构受力明确，一般均可根据计算确定断面，充分发挥材料强度，经济指标较好，但对于大直径的筒仓及地震烈度高的地区不宜采用这种形式。

筒壁式支承结构受力也较明确，施工可采用滑模，特别是这种支承结构抗震性能好，这主要是由于仓体与仓下支承结构连接断面变化缓和，刚度均匀，结构本身安全贮备也比较大。另外，筒壁支承结构的基础一般为条形或筏形基础，地基与基础接触面大，所以阻尼也大，稳定性能好，因此抗震性能好。

(3)仓壁。仓壁通常采用现浇钢筋混凝土结构，运用滑模施工工艺，也可以采用圆形截面的预应力混凝土仓壁，有些情况下，也可以采用预制仓壁。

(4)仓顶。当圆形筒仓直径为 12 m 及 12 m 以下时，仓顶宜选用钢筋混凝土梁板结构；直径在 12 m 以上时，可选用钢筋混凝土梁板结构或选用钢筋混凝土正截锥壳、正截球壳，以减小仓顶结构的内力。

仓顶的挑檐长度取 300～400 mm 为宜，仓顶采用壳体结构时，其环梁的外边应与筒壁外表面一致，环梁断面尺寸一般由计算确定，仓顶为梁板结构时一般不设圈梁。

当仓顶采用装配式钢筋混凝土梁时，须在仓壁上预留槽口，其尺寸较梁断面尺寸稍大一些，槽口处的仓壁环形钢筋应露出，以便与梁浇筑成整体。

(5)仓上建筑物。当圆形筒仓的直径在 10 m 以上时，仓顶上不宜设两层以上的多层厂房。当必须设置时，宜采用与仓壁等厚的圆环形壁到顶。当必须采用钢筋混凝土框架结构时，仓壁顶部应设环梁，框架柱直接落在环梁上，柱底应设纵横连系梁。

(6)基础。筒仓的基础选型应根据地基条件、荷载大小和上部结构形式综合分析确定。

对于圆形筒仓，宜采用筏形基础或桩基。当地质条件好，承载力较大时，可采用环形基础或单独基础。

五、筒仓的配筋构造

1. 圆形筒仓仓壁和筒壁

(1)圆形筒仓仓壁和一般由仓壁延伸下来的筒壁，混凝土强度等级不宜低于C30，最小厚度不宜小于150 mm，当采用滑模施工时不宜小于160 mm。

(2)对于直径较小的仓壁与筒壁可配单层钢筋；对于直径等于或大于6 m的仓壁与筒壁宜配双层钢筋。受力钢筋的混凝土保护层厚度不小于20 mm，其水平钢筋直径不宜小于10 mm，也不宜大于25 mm。钢筋间距不应大于200 mm，也不应小于70 mm。水平钢筋的接头宜采用焊接。当采用绑扎接头时，搭接长度不应小于50倍钢筋直径，接头位置应错开。错开的距离，水平方向不应小于1个搭接长度，也不应小于1 m；在同一竖向截面上每隔3根水平钢筋才允许有一个接头。

(3)对于筒壁支承的筒仓，当仓底与仓壁非整体连接时，应将仓壁底附近每米高度的水平钢筋延续配到仓底结构顶面以下的筒壁上，其延伸高度不应小于6倍仓壁厚度，如图4-21(a)所示。

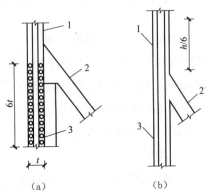

图4-21　仓底附近水平和竖向钢筋的配置

1—仓壁；2—仓底；3—筒壁

(4)对于仓壁，热贮料温度与室外最低计算温度差小于100 ℃的水泥筒仓，其水平钢筋总的最小配筋率为0.4%；对于其他贮料的筒仓，上述最小配筋率为0.3%。筒壁水平钢筋总的最小配筋率应为0.25%。

(5)仓壁和筒壁中的竖向钢筋直径不宜小于10 mm，钢筋间距应符合下列要求：

1)对于外仓仓壁每层不宜少于3根/m。

2)对于群仓的内仓仓壁每层不宜少于2根/m。

3)对于筒壁每层不宜少于3根/m。当采用滑模施工时，在群仓的连接处，如运料需要，可将通道处竖向钢筋间距增大至1 m。

(6)仓壁和筒壁中的竖向钢筋的最小配筋率为：

1)对外仓仓壁，在仓底以上 1/6 仓壁高度范围内，因受仓底支承条件影响产生竖向弯矩，而按压弯构件考虑，应不小于全截面的 0.4%。

2)其余 5/6 仓壁高度则不应小于 0.3%，如图 4-21(b)所示。

3)对于群仓的内仓仓壁应为 0.2%。

4)对于筒壁按偏心受压考虑应为 0.4%。

(7)为确保水平钢筋的设计位置，在环向每隔 2~4 m 应设置一个两侧平行的焊接骨架，如图 4-22 所示。骨架的水平钢筋直径宜为 6 mm，间距应与水平钢筋相同。其竖向钢筋可代替仓壁和筒壁的竖向钢筋。

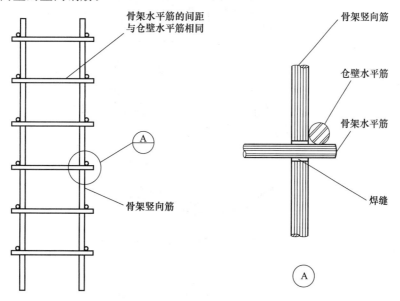

图 4-22　焊接骨架

(8)当仓底与仓壁整体连接时，仓底附近仓壁有竖向弯矩作用，在距仓底以上 1/6 仓壁范围内，宜在水平和竖向两个方向的内外层钢筋之间，每隔 500~700 mm 设置一根直径为 4~6 m 的连系筋，如图 4-23 所示。

(9)为了保证主筋截面不被削弱，不允许在水平钢筋上焊接其他附件，或应采取特殊措施使其他预埋件与主筋焊接时不致削弱主筋截面，例如，采用与主筋搭接焊的接头形式。同样，水平钢筋与竖向钢筋的交叉点应绑扎，严禁焊接。

(10)在群仓的仓壁与仓壁、筒壁与筒壁的连接处，应配置附加水平钢筋，直径不宜小于 10 mm，间距应与水平钢筋相同。附加水平钢筋应伸到仓壁或筒壁内侧，其锚固长度不应小于 35 倍钢筋直径，如图 4-24(a)所示。

2. 矩形筒仓仓壁

仓壁的混凝土强度等级不宜低于 C30，其最小厚度不宜小于 150 mm，四角宜加腋，并配置内外双层钢筋，受力钢筋的混凝土保护层厚度不应小于 30 mm。

柱承式筒仓，柱子有伸到仓顶和不伸到仓顶两种布置方式，实际工程中多采用把柱伸到仓顶。此时，为使仓壁的水平钢筋与柱内纵向钢筋不相互碰撞，要求在平面布置上使仓壁中心线与柱的中心线重合。当仓壁中心线与柱的中心线不重合时，仓壁的任何一边离柱边的距离不应小于 50 mm，如图 4-24(b)所示。

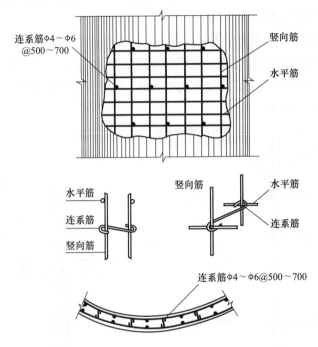

图 4-23 筒壁配筋构造连系筋

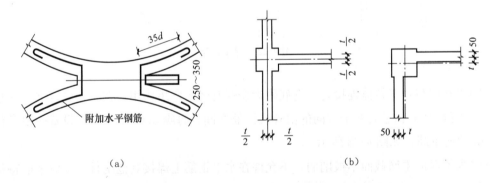

（a）　　　　　　　　　　　　　　　　　（b）

图 4-24 群仓连接构造及矩形筒仓仓壁与柱轴线之间的关系图

(a)群仓连接处附加水平钢筋；(b)矩形筒仓仓壁与轴线关系

柱承式低壁浅仓仓壁配筋应符合下列要求：

(1)按平面内弯曲计算的仓壁跨中和支座纵向受力钢筋以及竖向钢筋均应按普通混凝土梁的构造配置，其配置的高度范围：跨中和支座均不应大于 $0.1H$，如图 4-25(a)所示。

(2)当仓底漏斗与仓壁整体连接时，配置在仓壁底部的纵向钢筋不宜少于两根，直径宜为 $20\sim25$ mm。

(3)内外层的竖向和水平钢筋的直径不宜小于 8 mm，间距不应大于 200 mm，也不应小于 70 mm。

当柱不伸到仓顶时，水平钢筋可按图 4-25(b)所示配置。

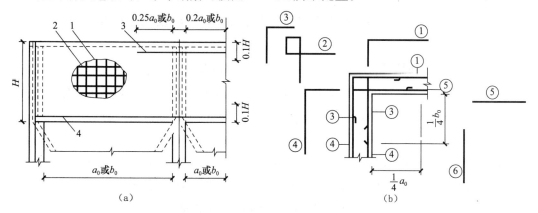

(a)   (b)

图 4-25　低壁浅仓仓壁配筋构造

(a)低壁浅仓仓壁配筋形式；(b)柱不伸到顶时水平钢筋的配置

1—竖向钢筋；2—水平钢筋；3—支座钢筋；4—跨中钢筋

柱承式高壁浅仓和深仓仓壁配筋应符合下列规定：

(1)内外层水平钢筋的直径不宜小于 8 mm，竖向钢筋的直径不宜小于 10 mm，钢筋间距不应大于 200 mm，也不应小于 70 mm。

(2)按平面内弯曲深梁计算的纵向受力钢筋，可选用分散配筋形式，如图 4-26(a)所示；或选用集中配筋形式，如图 4-26(b)所示。

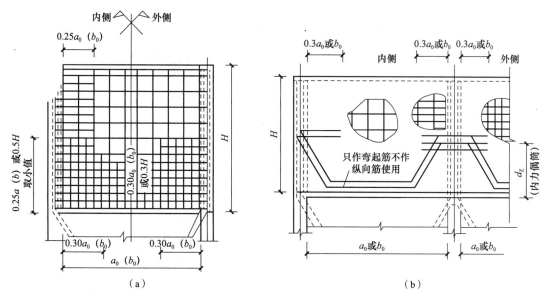

(a)   (b)

图 4-26　高壁浅仓和深仓仓壁配筋图

(a)分散配筋形式；(b)集中配筋形式

(3)当仓壁为单跨简支且选用集中配筋时，跨中纵向受力钢筋应全部伸入支座。

3. 洞口

在仓壁上开设的洞口宽度和高度均不宜大于 1 m，并应按规定在洞口四周配置附加钢筋。

仓壁上开设洞口四周配置附加钢筋应符合下列构造要求：

(1)洞门上下各边附加的水平钢筋面积不应小于被洞口切断的水平钢筋面积的 0.6 倍。洞口左右两侧附加的竖向钢筋面积不应小于被洞口切断的竖向钢筋面积的 0.5 倍。

(2)洞口附加钢筋的配置范围是：水平钢筋为仓壁厚度的 1.0～1.5 倍；竖向钢筋为仓壁厚度的 1 倍。配置在洞口边的第一排钢筋数量不应小于 3 根，如图 4-27(a)所示。

(3)附加钢筋的锚固长度：水平钢筋自洞边伸入长度不应小于 50 倍钢筋直径，也不应小于洞口高度；竖向钢筋自洞边伸入长度不应小于 35 倍钢筋直径。

(4)在洞口四角处的仓壁内外层应各配置一根直径不小于 16 mm 的斜向钢筋，其两端锚固长度应各为 40 倍钢筋直径。

(5)当采用封闭钢框代替洞口的附加钢筋时，洞口每边被切断的水平和竖向钢筋均应与钢框有可靠的连接，如图 4-27(b)所示。

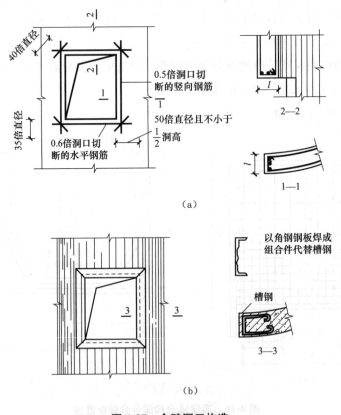

图 4-27 仓壁洞口构造

(a)洞口附加钢筋配置图；(b)洞口封闭钢框配置图

在筒壁上开洞时，应按下列规定在洞口四周配置附加钢筋。

(1)当洞口宽度小于 1 m 时，且在洞顶以上高度等于洞宽范围内无集中和均布荷载(不包括自重)作用时，洞口每边附加钢筋数量不应少于 2 根，直径不应小于 16 mm。

(2)当洞门宽度小于 3 m、大于 1 m 时，应按计算配置洞口的附加钢筋，但每边配置的附加钢筋数量不应少于 2 根，直径不应小于 16 mm。

(3)仓底以下通过车辆或胶带输送机的洞口，其宽度和高度均大于或等于 3 m 时，除应满足上述第(2)条的要求外，还应在洞口两侧设扶壁柱，其截面不应小于 400 mm×600 mm，如图 4-28(a)所示，并按柱的构造要求配筋，柱上端伸到洞口以上长度不应小于 1 m。

(4)洞口附加钢筋的锚固长度：水平钢筋自洞边伸入长度不应小于 50 倍钢筋直径，且不小于洞口高度；竖向钢筋自洞边伸入长度不应小于 35 倍钢筋直径。

(5)洞口四角配置的斜向钢筋与仓壁开洞配置的要求相同。

(6)相邻洞口间狭窄筒壁宽度不应小于 3 倍壁厚，也不应小于 500 mm。当狭窄筒壁的宽度小于或等于 5 倍壁厚时，应按柱构造要求配筋，其配筋量应按计算确定，如图 4-28(b)所示。

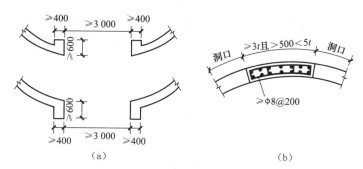

图 4-28 洞口扶壁截面尺寸和相邻洞口间壁的配筋构造图

(a)扶壁柱最小截面；(b)狭窄筒壁配筋

4. 漏斗的构造要求

(1)漏斗壁的混凝土强度等级不宜低于 C30，壁厚不宜小于 120 mm。受力钢筋直径不宜小于 8 mm，间距不应大于 200 mm，也不应小于 70 mm。当壁厚大于或等于 120 mm 时，宜配置内外双层钢筋。受力钢筋的混凝土保护层厚度不应小于 20 mm。

(2)圆锥形漏斗的环向或径向钢筋，角锥形漏斗的水平或斜向钢筋总的最小配筋率，均不应小于 0.3%。

(3)圆锥形漏斗的径向钢筋不宜采用绑扎接头，钢筋应伸入到漏斗顶部环梁或仓壁内，其锚固长度不应小于 50 倍钢筋直径，如图 4-29(a)所示。当环向钢筋采用绑扎接头时，搭接长度、接头位置与仓壁水平钢筋的规定相同。

(4)角锥形漏斗宜采用分离式配筋。漏斗的斜向钢筋伸入到漏斗顶部环梁或仓壁内，其锚固长度不应小于 50 倍钢筋直径。

(5)角锥形漏斗四角的吊挂骨架钢筋，直径不应小于 16 mm，钢筋上端伸入到漏斗支承构件内，其锚固长度不应小于 50 倍钢筋直径。漏斗下口边梁的最小宽度不且小于 20 mm，其水平钢筋的搭接长度不应小于 35 倍钢筋直径，也可焊成封闭状，如图 4-29(b)所示。

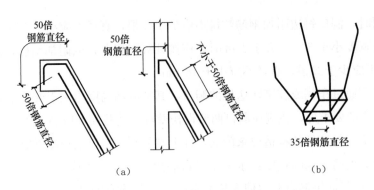

（a）　　　　　　　　　　　　（b）

图 4-29　漏斗壁斜向钢筋构造

（a）漏斗壁斜向钢筋锚固长度；（b)漏斗四角骨架钢筋

5. 柱和环梁

筒仓下钢筋混凝土支承柱的纵向钢筋最大配筋率，应控制其不大于 2%。

当仓底采用单个吊挂圆锥形漏斗，仓下为筒承式时，漏斗顶部钢筋混凝土环梁的高度可取为 $(0.06 \sim 0.1)d_n$，d_n 为筒仓直径，环梁内环向钢筋面积不应小于环梁计算截面面积的 0.4%，环向钢筋应沿梁截面周边均匀配置，如图 4-30 所示。

当为柱承时，柱顶应设环梁，梁高与截面配筋量按计算确定。

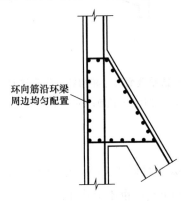

环向筋沿环梁
周边均匀配置

图 4-30　环形钢筋

6. 抗震构造措施

对于柱承式筒仓，支柱纵向钢筋总的最小配筋率应比一般框架柱增加 0.1%，应符合表 4-1 的要求。

表 4-1　仓下支承柱纵向钢筋总的最小配筋率

设计烈度	中、边柱	角　柱
7、8 度	0.7%	0.9%
9 度	0.9%	1.1%
注：圆筒单仓的周边支承柱应按角柱考虑		

同时，在柱与仓壁或环梁交接处及其以下部位，柱与基础交接处及其以上部位，箍筋

应予以加密。

筒壁应配置双层钢筋，其水平、竖向钢筋总的最小配筋率均不宜小于 0.4%。洞口扶壁柱总的最小配筋率不宜小于 0.6%。

当仓上建筑物采用带构造柱的砖混结构时，构造柱纵向钢筋的两端应有可靠的锚固措施。

7. 内衬

几种常用的内衬，如图 4-31 所示。

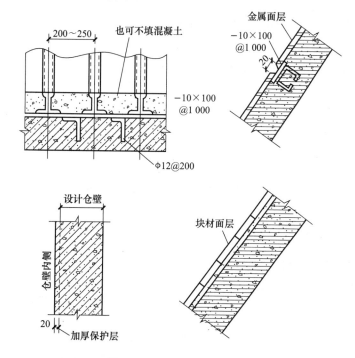

图 4-31　几种常用的内衬图

卸料口处的内衬应做成易于更换的形式，如图 4-32(a)所示。仓顶进料口处的梁板结构易受贮料的冲磨，大块坚硬贮料对进料口处的冲磨更严重，甚至导致结构的损坏。抗冲磨比较有效的办法是加大进料口或将洞口梁外移，否则应对梁板表面采取防护措施，如图 4-32(b)所示。

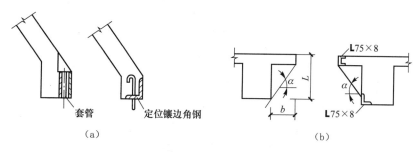

（a）　　　　　　　　　　　　　　　　　　（b）

图 4-32　卸料口内衬和进料口的防护

（a）卸料口内衬；（b）进料口的防护

学习单元 4.2　钢筒仓认识

4.2.1　任务描述

识读一套钢筒仓的结构施工图，完成工作页。

具体工作任务如下：

(1)钢筒仓的材料要求，钢筒仓的构造组成。

(2)钢筒仓的结构形式。

(3)仓底、仓顶、仓下支承结构的形式及连接方式。

4.2.2　案例示范

一、案例描述

本筒仓为钢板筒仓，结构图主要包括仓底、仓底的结构图。

二、案例分析及实施

识读仓顶平面布置图(图 4-33、图 4-34)。

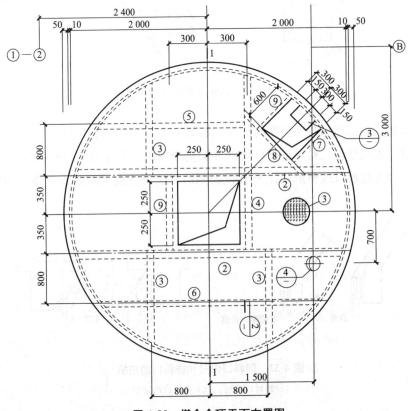

图 4-33　煤仓仓顶平面布置图

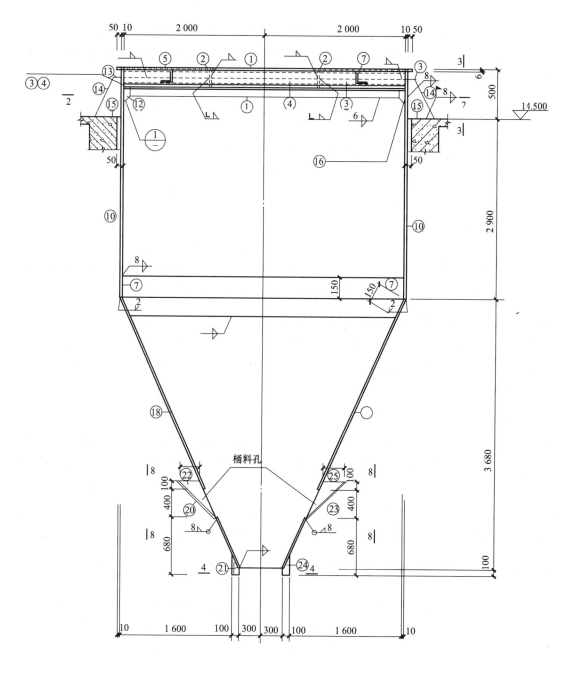

$1-1$ $1:30$

图4-34 1—1剖面图

4.2.3 知识链接

一、钢筒仓

我国钢板仓技术在粮食行业应用与发展起步较晚。1982年，黑龙江省洪河农场从美国引进镀锌波纹板装配式钢板仓，是国内出现得最早的现代化钢板仓群。20 世纪 80 年代，我国钢板仓的建造取得了空前发展，黑龙江省迎春机械厂引进吸收了美国装配式钢板仓全套技术、专用设备生产线，按照国外先进技术、设计软件、制作标准，在消化和吸收的基础上进行了创新和发展，开始大批量生产、制作、安装装配式钢板仓，使钢板仓的强度、性能、安全方面具有了可靠性，并将钢板仓作为一种产品大量出口，它代表当今我国钢板仓生产、制作、安装的国际水平，是钢板仓制作安装的领航者。

钢板仓可储存粒状、粉状、粮油、食品、酿造、煤炭、建材等，在工农业领域、城乡及环保工业等领域得到广泛应用。

1. 构造要求

钢筒仓结构的安全等级为二级，抗震设防类别为丙类，地基基础设计等级一般为乙级。当与其他建筑连为一体时，该建筑的安全等级、抗震设防类别及地基基础设计等级应不小于钢筒仓的等级和类别，设计使用年限应不少于 25 年。储存粉尘及其他易爆性物料的钢筒仓，相关工艺专业应根据不同的贮料特性分别设置防爆、泄爆、防静电、防明火及防雷电等设施。钢筒仓与毗邻的建（构）筑物之间或群仓地基土的压缩性有显著差异时，应采取防止不均匀沉降的措施。钢板筒仓设计文件中，应对首次装卸料要求、沉降观测及标志设置等予以说明。

2. 材料要求

为保证钢板筒仓的承载能力和防止在一定条件下出现脆性破坏，应根据结构的重要性、荷载特征、结构形式、应力状态、连接方法、钢材厚度、工作环境和气候条件等因素综合考虑，选用合适的钢材牌号和材性。

钢板筒仓的材料宜采用 Q235 钢、Q345 钢、Q390 钢和 Q420 钢，其质量应分别符合《碳素结构钢》(GB/T 700)和《低合金高强度结构钢》(GB/T 1591)的规定，且应不低于 B 级。当采用其他牌号的钢材时，还应符合相应有关标准的规定和要求。钢板筒仓不应采用 Q235 沸腾钢。

钢板筒仓采用的钢材应具有抗拉强度、伸长率、屈服强度和硫、磷含量的合格保证，对焊接结构还应具有碳含量以及冷弯试验的合格保证。

钢铸件采用的铸钢材质应符合《一般工程用铸造碳钢件》(GB/T 11352)的规定。

对耐腐蚀有特殊要求的宜采用耐候钢，其质量要求应符合《耐候结构钢》(GB/T 4171)的规定。

钢板筒仓结构及连接材料的设计指标，应按《钢结构设计规范》(GB 50017)和《冷弯薄壁型钢结构技术规范》(GB 50018)的规定采用。

3. 结构布置原则

钢筒仓的平面及竖向布置，应根据工艺、地形、工程地质和施工等条件，经技术经济比较后确定。圆形筒仓宜采用独立布置形式，矩形筒仓可采用仓体相连的群仓布置形式(图 4-35)。

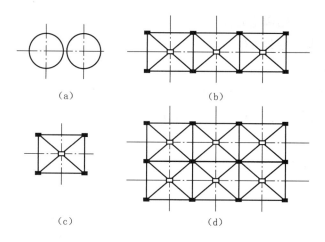

图 4-35　仓群平面布置示意图

(a)独立布置圆形筒仓；(b)单排矩形筒仓；(c)独立布置矩形筒仓；(d)多排矩形筒仓

筒仓的平面形状，除工艺特殊要求外宜采用圆形。跨铁路专用线的筒仓，应同时满足铁路有关规程规范的要求。靠近筒仓处不宜设置堆料场；当必须设置时，应验算堆载对筒仓结构及地基的不利影响。仓顶上不宜设置有筛分等振动设备。钢筒仓的安全通道、维护结构应按有关规程规范设置。

4. 结构选型

钢筒仓结构可分为仓上建筑物、仓顶、仓壁、漏斗、仓下支承结构（筒壁或柱）及基础六部分（图 4-36）。

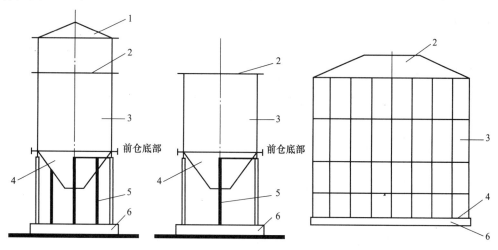

图 4-36　筒仓结构示意图

1—仓上建筑物；2—仓顶；3—仓壁；

4—漏斗；5—仓下支承结构（柱—支撑或柱—剪力墙）；6—基础

圆锥及角锥形漏斗壁与平面的夹角或漏斗壁的坡度应由相关工艺专业提供。

筒仓仓底结构的选型应综合考虑下列要求：

(1)荷载传递明确，结构受力合理。

(2)造型简单，制作安装方便。

(3)相关专业要求。

筒仓仓壁为波纹板、螺旋卷边板时，应采用热镀锌或合金钢板。

钢板筒仓可采用钢或钢筋混凝土仓底及仓下支承结构(图 4-37)。直径在 10 m 以下时，宜采用柱或柱－支撑支承的架空式仓下支承结构及锥斗仓底；直径在 12 m 以上时，宜采用落地式平底仓，地道式出料通道。

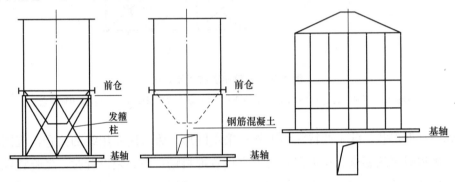

图 4-37　常用筒仓仓底和仓下支承结构示意图

当筒仓之间或筒仓与其邻建(构)筑物之间需要连接时，宜采用简支结构相连。

二、钢板仓构造

1. 仓顶

仓上建筑的支点宜设置在仓壁处，不得在斜梁上。若荷载对称，支点也可在仓顶圆锥上。较重的仓上建筑物或重型设备，应采用落地支架。

仓顶坡度宜为 1：5～1：2，不应小于 1：10；仓顶四周应设围栏，设备廊道、操作平台栏杆高度不应小于 1 200 mm。

测温电缆不得直接吊挂于仓顶板上。

仓顶出檐不得小于 100 mm 且应设垂直滴水，其高度不应小于 50 mm。仓檐处应设密封条。有台风影响地区，应采取措施防止雨水倒灌。仓顶板与檩条不得采用外露螺栓连接。

2. 仓壁

波纹钢板、焊接钢板仓壁，相邻上下两层壁板的竖向接缝应错开布置。焊接钢板错开距离不应小于 250 mm。

波纹钢板仓壁的搭接缝及连接螺栓孔，均应设密封条、密封圈。

筒仓仓壁在满足结构计算要求的基础上，尚应考虑环境对钢板的腐蚀及储粮对仓壁的磨损，并采取相应的措施。

竖向加劲肋接头应采用等强度连接。相邻两加劲肋的接头不宜在同一水平高度上。通至仓顶的加劲肋数量不应少于总数的 25%。

竖向加劲肋与仓壁的连接：波纹钢板仓宜采用镀锌螺栓连接；螺旋卷边仓宜采用高频焊接螺栓连接。

螺栓直径与数量应经计算确定，直径不宜小于 8 mm，间距不宜大于 200 mm。

当采用焊接连接时，焊缝高度取被焊仓壁较薄钢板的厚度；螺旋卷边仓咬口上下焊缝长度均不应小于 50 mm。施焊仓壁外表面的焊痕必须进行防腐处理。

竖向加劲肋宜放在仓壁内侧。仓壁内不应设水平支撑、爬梯等附壁装置。

仓壁下部开设人孔时，洞口尺寸宜取 600 mm×600 mm。其边框应做成整体式，截面应计算确定。人孔门应设内、外两层，分别向仓内、外开启。门框与仓壁、门扇与门框的连接，均应采取密封措施。

3. 仓底

圆锥漏斗仓底由环梁和斗壁组成，如图 4-38 所示。

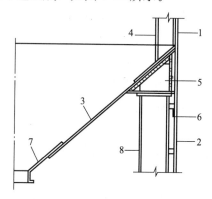

图 4-38　圆锥漏斗仓底

1—仓壁；2—筒壁；3—斗壁；4—加劲肋；5—环梁；6—缀板；7—斗口；8—支承柱

斗壁可由径向划分的梯形板块组成，每块板在漏斗上口处的长度宜为 1 m。

斗口宜设计成焊接整体结构，其上口直径不宜大于 2 m，下口尺寸应满足工艺要求。

仓底在装配后内表面应光滑，不得滞留储粮。

当采用流化仓底出粮或选用平底仓时，其仓底应按工艺要求设计。

4. 支承结构及洞口

仓下钢支柱截面及间距应由计算确定。支柱与筒壁宜采用缀板连接；缀板间距不宜大于 1 m。

钢支柱应设柱间支撑，每个筒仓下不宜少于两道。当柱间支撑上下两段设置时，宜设柱间水平系杆。筒壁与基础顶面接触处应设泛水坡，防止雨水进入仓下空间。

三、钢板仓的技术要点

(1)能解决水泥在钢板库库壁内因温差和潮湿气体造成的水泥板结、物理指标下降的技术屏障。本设计的有效控制范围在钢板库环境气温−50 ℃～160 ℃的温度内，水泥在钢板库内的各项物理指标不变。

（2）解决水泥在钢板库库底的进水与渗漏问题。本设计采用库底外高分子防水材料等技术对钢板库底部进行二次加强防水，钢板库库底上面及钢板库基础采用耐腐防水材料进行最后屏障的防水，钢板库基础及库底所用的混凝土全采用防水、防渗混凝土。本设计的可控防治范围：防水等级为一级，防渗等级 1 万～3 万吨的钢板库在 P8～P12，5 万～20 万吨的钢板库在 P12 以上。

（3）解决水泥在钢板库内的完全出料问题，本设计采用的几项专利技术，保证了钢板库按需、按时出料的要求和畅通出料、完全出料的需求。本设计指标：出料清空率 1 万～3 万吨的钢板库在 95％以上，5 万～20 万吨的钢板库在 95％以上。

（4）钢板仓储藏粮食是最好的方法。随着工业技术的发展。粮仓内由于有测温装置，一旦粮温有变化，在仓底铺设的通风管可实施安全储粮，还可用移动式冷却通风装置使粮食处于 5 ℃～15 ℃下保管。钢板仓不受外界影响，因此，钢板仓储藏粮食是安全有效的方法。钢板仓能减少粮食产后损失，成为农户家中科学储粮的"宝贝"。

四、钢板仓的性能

（1）整体性能好、寿命长。钢板仓在建造过程中，完全由专用设备施工，在卷制过程中，仓体外壁咬制成一条 5 倍于材料厚度为 30～40 mm 宽的螺旋凸条，大大加强了仓体的承载能力，使钢板仓的整体强度、稳定性、抗震性优于其他仓。另外，仓体材料可根据存储物料对抗腐蚀及磨削强度的要求，选用最佳板材配比，使得其正常使用寿命达 30～40 年，远远超过其他仓的使用寿命。

（2）气密性能好、用途广。钢板仓由于采用卷仓专用设备弯折、咬口，在工艺上能确保仓体任何部位的质量，所以其密封是特别好的，可以存储水泥、粉煤灰、矿渣超细粉等粉状物料，在建材行业应用很广。

（3）建造工期短、造价低。螺旋咬口钢板仓现场施工，仓顶地面安装，利用建造设备的成型、弯折线速度可以达到 5 m/min，不需要搭脚手架及其他辅助设施，因而工期极短。螺旋咬口钢板仓全用薄钢板制成，质量只相当于同容量钢筋混凝土仓的钢筋质量，大大降低了造价。另外，由于它能用双层弯折法将筒体内外两种不同的材料弯折、成型，可以较大幅度地降低用于化工、环保等行业储存腐蚀性强物料的工程造价。

（4）占地面积小、易管理。螺旋咬口钢板仓与其他钢板仓不同，高度、直径可在较大的范围内任意选择。两仓间距离最小至 500 mm，可充分利用空间，减小占地面积。螺旋咬口钢板仓自动化程度高，再配以测温、料位等设备，用户管理起来非常方便。

（5）强度高。钢板仓的连续螺旋咬边五倍于母材厚度，大大加强了钢板仓的抗载能力。

（6）占地面积少、自重轻。大正筒仓的高度、直径可在极大的范围内任意选择，钢板仓间距小至 50 cm，可充分利用空间。螺旋卷边钢板仓的自重仅为同容积混凝土仓的 1/6，与同容积混凝土仓的钢筋质量相同，可大大地降低基础结构荷载和建仓成本。

学习情境 5　贮液池认识

　　能说出贮液池的结构形式；能描述贮液池对材料的要求及防渗要求；能描述贮液池的组成和各部分构造要求；能够看懂贮液池的结构施工图。

　　了解贮液池的结构形式；熟悉贮液池对材料的要求；掌握贮液池的组成和构造要求；掌握贮液池的防渗方法；掌握贮液池的结构施工图识读方法。

学习单元 5.1　圆形贮液池认识

5.1.1　任务描述

识读一套圆形贮液池的结构施工图。

一、工作任务

1. 圆形贮液池说明

(1)本图集为钢筋混凝土清水池，为圆形清水池，适用于贮盛常温、无侵蚀性水。

(2)材料。

1)混凝土强度等级：垫层为 C10，池体为 C25。池体混凝土抗渗等级为 P6。

2)钢筋：直径≤10 mm 时，用 HPB300 级钢筋；直径>10 mm 时，用 HRB335 级钢筋。

(3)施工制作要求：

1)本图集尺寸均以 mm 为单位，标高以 m 为单位。

2)混凝土。水池混凝土浇筑时必须振捣密实，不得漏振；池壁施工缝的位置可以设在以下两处：①底板与池壁连接的斜托上部；②池壁与顶板连接的斜托下部。当水池长度超过 25 m 时，水池混凝土可选用下列方法施工：①采用补偿收缩混凝土(可在混凝土中掺用 UFA 膨胀剂)；②在水池长度中部处(若遇柱子，可错开一个区格)，设 1 m 宽的后浇带(含顶、壁、底板)，间隔 30 d 后，再用 C30 补偿收缩混凝土浇捣。为提高水池的不透水性，池内用 1∶2 防水砂浆抹面，应分层紧密连续涂抹，每层的接缝需上下左右错开，并应与混凝土的施工缝错开。浇筑水池混凝土前应将铁梯、墙管和吊攀等预埋件按图预先埋设牢固，防止浇筑混凝土时松动，安装附属设备的预留孔洞应事先留出，不得事后敲凿。

3）钢筋。主钢筋混凝土保护层：柱为 35 mm；底板、顶板和池壁为 25 mm；其余为 20 mm。钢筋接头可采用搭接，HPB300 级钢筋 30d，HRB335 级钢筋搭接长度为 42d，搭接的接头应相互错开，同一截面处钢筋接头数量应不大于钢筋总数量的 25%；钢筋遇到孔洞时应尽量绕过，不得截断；如必须截断时，应与孔洞口加固环筋骨架焊接锚固。

2. 圆形贮液池工程图

圆形贮液池工程图如图 5-1 所示。

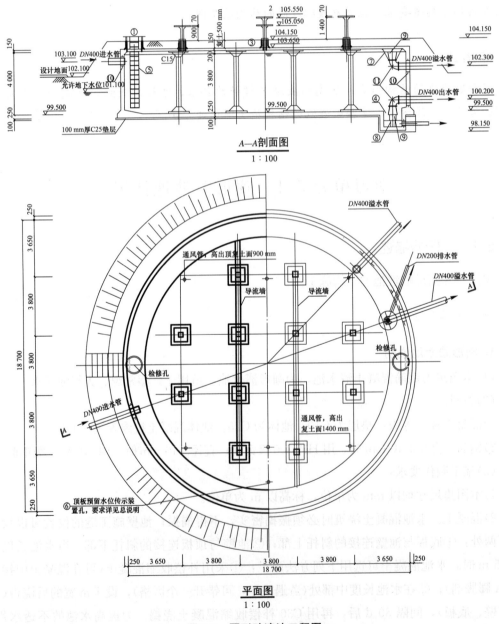

图 5-1　圆形贮液池工程图

3. 具体工作任务

（1）描述圆形贮液池的构造组成。

（2）水池的结构类型，池底、池壁的厚度以及有无顶板，池底标高，水池的深度、池壁的厚度、水池的容量各为多少。

（3）水池的配筋特点，描述池底、池壁的配筋特点，并对应钢筋材料表，正确计算钢筋用量。

二、可选工作手段

水池设计规范、蓄水池标准图集等。

5.1.2 案例示范

一、案例分析

（1）本图为 150 m³ 钢筋混凝土圆形蓄水池，适用于贮盛常温、无侵蚀性的水。

（2）适用条件。抗震设防烈度为 8 度，对地震区的可液化土地基，应按有关规范做地基处理；覆土总厚度为 500 mm，若用于严寒地区，可采取适当保温措施，但总质量不应超过相应覆土厚度的总质量；地下水位允许高出底板地面上的高度。本图中的工艺管道、导流墙及附属设备布置仅作典型表示，选用时可根据具体情况调整。

（3）设计使用年限为 50 年。

（4）结构安全等级为二级，结构重要性系数取 1.0。

（5）抗震设防类别为乙类，混凝土构件抗震等级为三级。

（6）地基基础设计等级为甲级。

（7）工艺布置。蓄水池容积及管道管径的选择应根据实际需要计算决定，其管径系按以下工艺条件确定：进水管进水流速采用 0.5～1.2 m/s，出水管流速采用 1.0～1.2 m/s，确定管径时，小管径取低值，大管径取高值。溢水管管径比进水管管径大一级，泄水管按 1 h 内放空池内 500 mm 储水深度计算。溢水管、泄水管的敷设应符合规范对室外排水管最小设计坡度的要求。

为防止污染水质，蓄水池溢水管溢水应采用设置溢水井等方法间接排水。

蓄水池顶板检修孔直径分别为 800 mm、1 000 mm、1 600 mm 三种孔径，设计人员可根据溢水管集水喇叭口规格，视安装要求进行选用。

（8）材料。

1）混凝土：垫层强度等级为 C10；池体强度等级为 C25；池体混凝土抗渗等级为 P6；混凝土中最大氯离子含量应小于 0.2%，最大含碱量应小于 3.0 kg/m³，水胶比应控制在 0.5 以下。

2）钢筋：直径 $d \leqslant 8$ mm 为 HPB300 级钢筋，直径 $d \geqslant 10$ mm 为 HRB335 级钢筋。钢梯、预埋件采用 Q235B 钢，有条件可改为不锈钢。

3)抹面：水池外壁、内壁和顶板顶面用 1：2 防水水泥砂浆抹面，厚 20 mm。水池顶板底面、支柱和导流墙等表面可用 1：2 水泥砂浆抹面，厚 15 mm。如水池施工采用光滑模板，可以取消水泥砂浆内抹面。当水池贮盛生活用水时，可选用符合有关标准的卫生级防腐涂料做内衬处理替代抹面。当水池贮盛对混凝土有腐蚀的水时，应按有关规范要求做相应的内防腐处理。为提高水池的不透水性，池内的 1：2 防水水泥砂浆抹面，应分层紧密连续涂抹，每层的连接缝需上下左右错开，并应与混凝土的施工缝错开。

4)砌体：导流墙应选用 240 mm 厚承重混凝土砌块，砌块强度等级不低于 MU10，用 M10 水泥砂浆砌筑；当地无此砌块时，也可采用等强度的烧结实心砖砌体。砌体与池壁、柱之间须用 2φ8@500 拉筋连接，拉筋伸入砌体长度为 1 000 mm。

5)油漆：蓄水池内的所有铁件均应采用符合有关标准的无毒防腐涂料。

二、案例实施

识读圆形贮液池工程图。

(1)总布置图(图 5-2、图 5-3)。

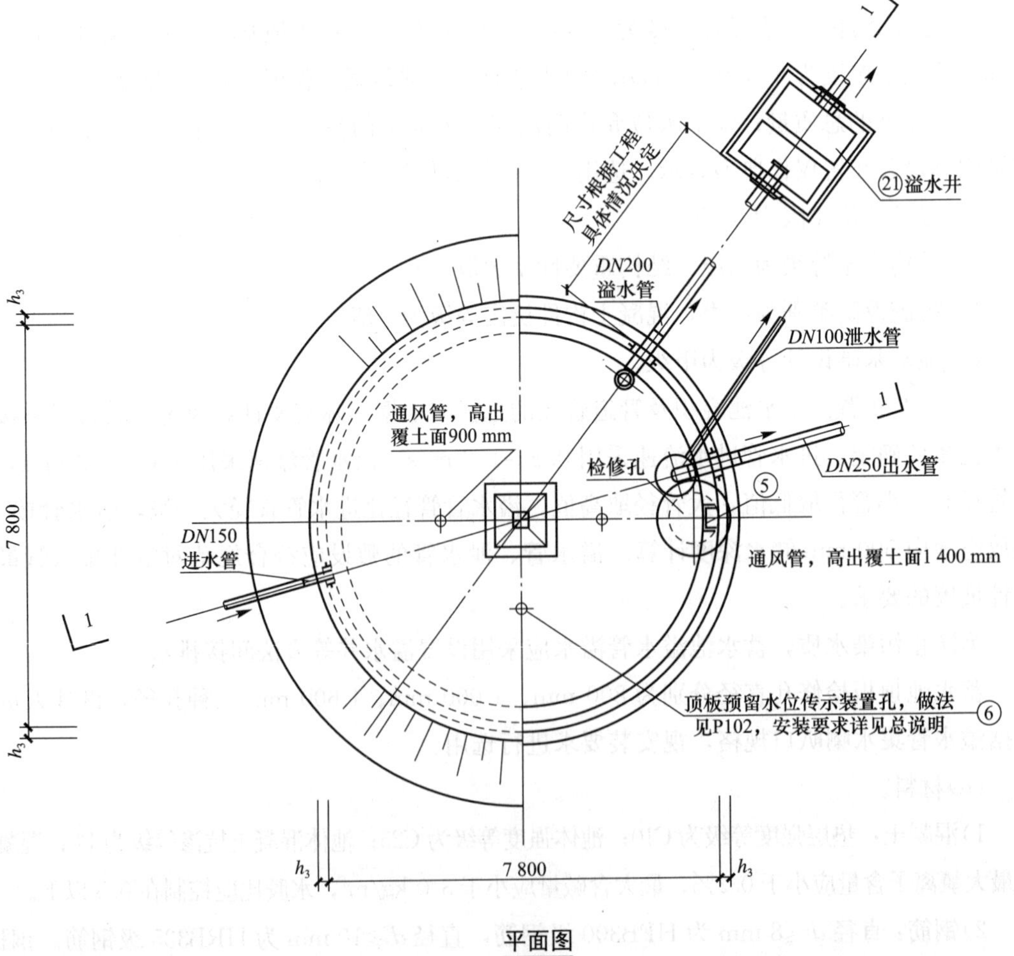

平面图

图 5-2 圆形贮液池平面图

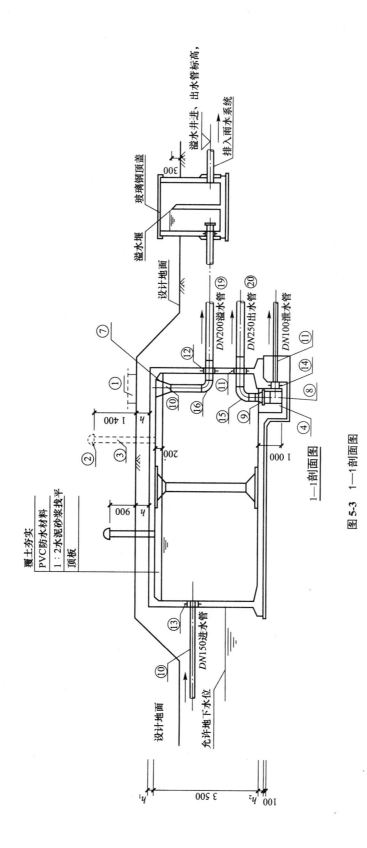

图 5-3　1—1 剖面图

池顶覆土高度为 $h=500$ mm。图 5-3 中，h_1 为池顶板厚度，h_2 为池底板厚度，h_3 为池壁厚度。

池底排水坡度为 $i=0.005$，排向吸水坑。检修孔，水位尺，各种管径、根数、平面位置、高程以及吸水坑位置等可按具体工程情况布置。从总布置图中了解贮液池的组成构造。

（2）顶板配筋图（图 5-4、图 5-5）。

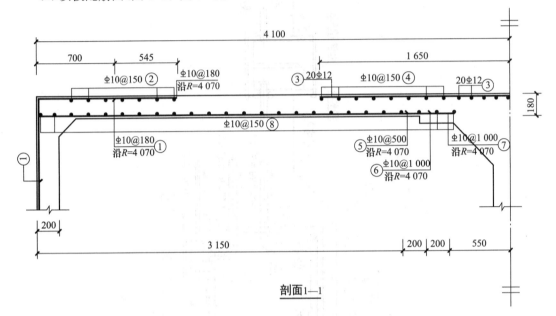

剖面1—1

钢筋材料表

构件名称	编号	略图	直径/mm	长度/mm	根数	总长度/m	各构件材料用量			混凝土 C25 /m³
							钢筋			
							直径/mm	长度/m	质量/kg	
底 板	1	670 ⌐ 1 200	10	1 870	142	266	10	1 181	729	
	2	400 ○ D=5 760 ~7 560	10	平均 21 320	7	149	10	1 181	729	
	3	1 090 ╲980~1 120╱ 1 090	12	平均 3 230	20	65	12	65	58	
	4	400 ○ D=1 120 ~3 220	10	平均 7 220	8	58				
	5	3 120	10	3 120	51	159				95
	6	3 320	10	3 320	25	83	共计 HRB335 级钢筋 (≥Φ10)：787 kg			
	7	3 520	10	3 520	26	92				
	8	400 ○ D=1 150 ~8 120	10	平均 14 960	25	374				

图 5-4 顶板配筋图（一）

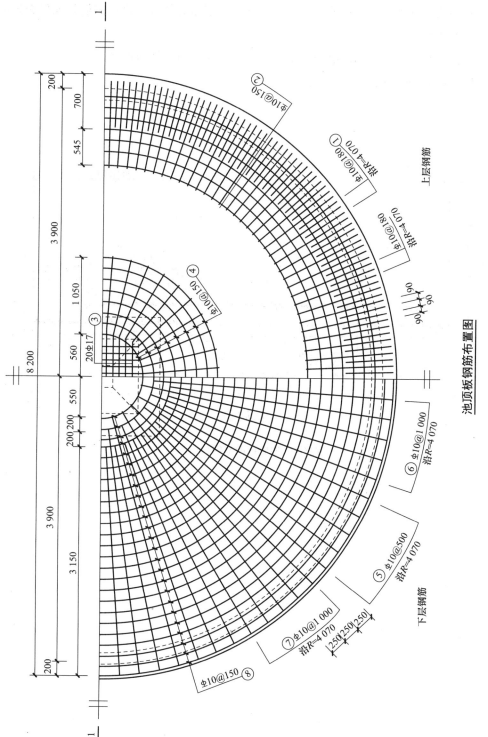

池顶板钢筋布置图

图 5-5　顶板配筋图（二）

在看顶板配筋图时，要注意两点：①顶板的厚度，与池壁的连接方式；②顶板的配筋，对应钢筋材料表正确理解各号钢筋的形式，正确计算钢筋的长度，描述钢筋是如何布置的，保护层厚度为多少。

从顶板的布置图可看出钢筋的分布情况，包括环向钢筋和径向钢筋。

(3)池底板钢筋布置图(图 5-6～图 5-8)。

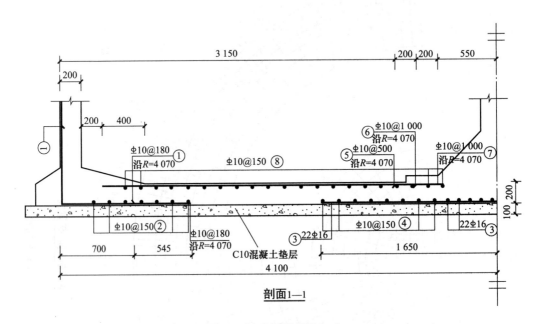

图 5-6 池底板配筋图(一)

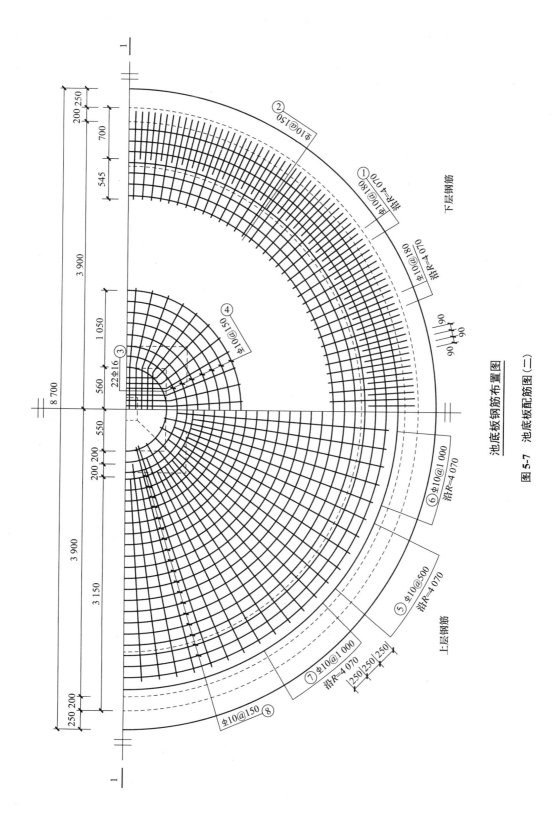

池底板钢筋布置图

图 5-7 池底板配筋图（二）

钢筋及材料表

构件名称	编号	略图	直径/mm	长度/mm	根数	总长度/m	各构件材料用量 钢筋 直径/mm	长度/m	质量/kg	混凝土 C25 /m³
底板	1	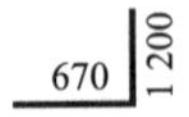 670 ⌐ 1 200	10	1 870	142	266	10	1 046	645	
	2	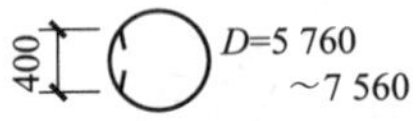 400 ○ D=5 760 ~7 560	10	平均 21 320	7	149	10	1 046	645	
	3	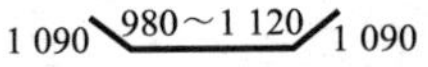 1 090 ∨ 980~1 120 1 090	12	平均 3 230	22	71	16	71	112	
	4	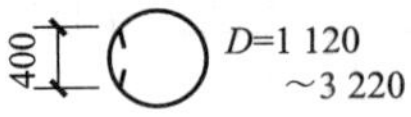 400 ○ D=1 120 ~3 220	10	平均 7 220	8	58				11.9
	5	2 750	10	2 750	51	140				
	6	2 950	10	2 950	25	74				
	7	3 150	10	3 150	26	82	共计 HRB335 级钢筋 (≥Φ10)：757 kg			
	8	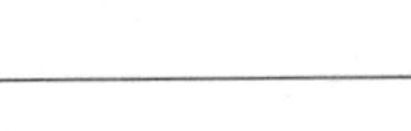 400 ○ D=1 150 ~7 000	10	平均 13 200	21	277				

图 5-8　池底板配筋图(三)

（4）池壁配筋图（图 5-9、图 5-10）。

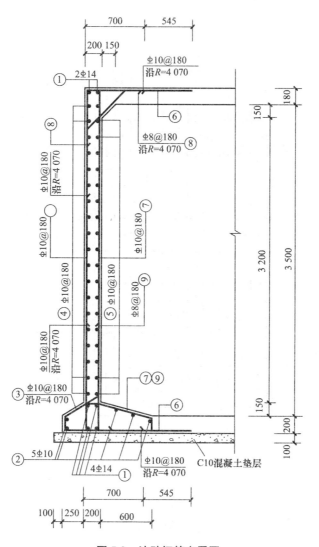

图 5-9　池壁钢筋布置图

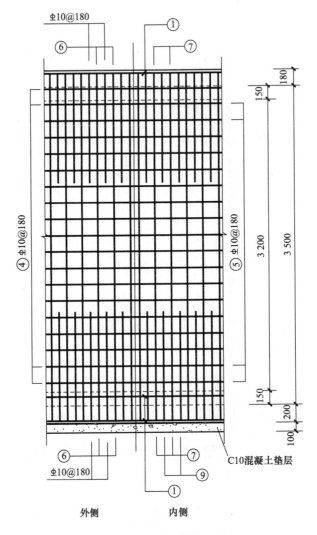

图 5-10 池壁钢筋展开图

(5)支柱配筋图(图 5-11、图 5-12)。

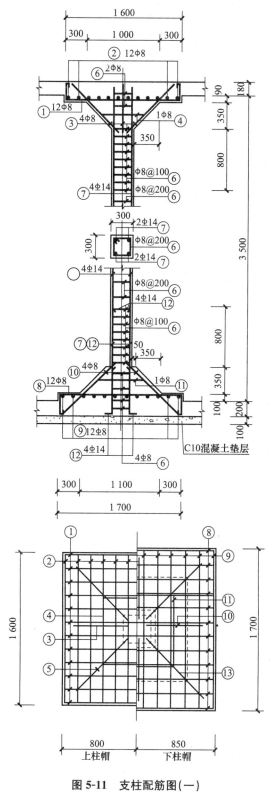

图 5-11　支柱配筋图(一)

支柱钢筋材料表

构件名称	编号	略图	直径/mm	长度/mm	根数	总长度/m	直径/mm	长度/m	质量/kg	混凝土 C25 /m³
池壁	1	560 · D=8 120～7 880	14	平均 25 690	6	154				
	2	400 · D=8 620～6 680	10	平均 24 430	5	122				
	3	450 / 130 / 550	12	1 130	142	160	8	528	209	
	4	400 · D=8 120	10	25 910	19	492	10	2 817	1 738	
	5	400 · D=7 880	10	25 160	18	453	14	154	186	19.4
	6	1 215 / 3 810 / 1 215	10	6 240	142	886				
	7	140 / 3 810 / 640 / 280 / 140 / 130	10	5 140	137	704	共计 HPB300 级钢筋(≤ Φ8)：209 kg			
	8	200 / 600 / 200	8	1 140	142	162	HRB335 级钢筋(≥ Φ10)：			
	9	140 / 1 200 / 640 / 280 / 140 / 130	8	2 670	137	366	1 924 kg			
支柱共1根	1	210 / 1 540 / 210	8	2 100	12	25	8	156	62	
	2	200 / 1 540 / 200	8	2 080	12	25	14	19	23	
	3	900	8	1 040	4	4				
	4	700 / 600 / 600 / 700	8	2 600	1	3				
	5	1 270	8	1 410	4	6				
	6	240 / 340 / 240 / 340	8	1 160	26	30	共计 HPB300 级钢筋(≤ Φ8)：62 kg			11
	7	3 200	14	3 200	4	13				
	8	230 / 1 640 / 230	8	2 100	12	25	HRB335 级钢筋(≥ Φ10)：			
	9	220 / 1 640 / 220	8	2 080	12	25	23 kg			
	10	950	8	1 090	4	4				
	11	700 / 800 / 700 / 800	8	3 000	1	3				
	12	1 420 / 100	14	1 520	4	6				
	13	1 340	8	1 480	4	6				

图 5-12　支柱配筋图(二)

(6)溢水井(图5-13、图5-14)。控制水池的最大水位，当水位高度超过溢水井高度时就自动流出，不至于溢出水池。

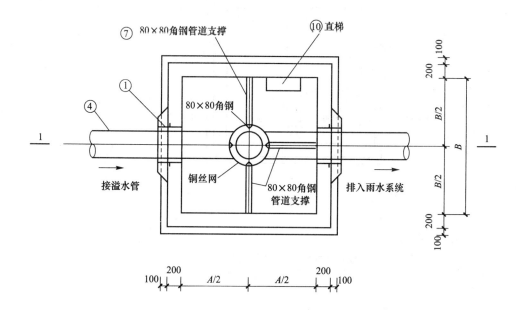

蓄水池溢水井平面图（A型）

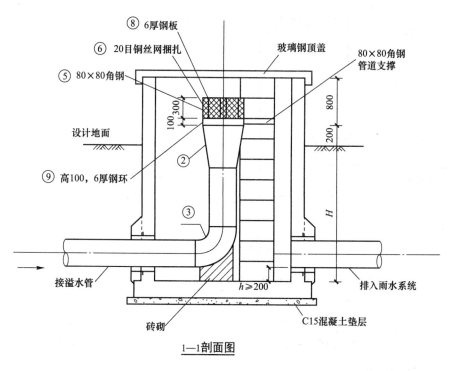

1—1剖面图

图5-13　溢水井工程图

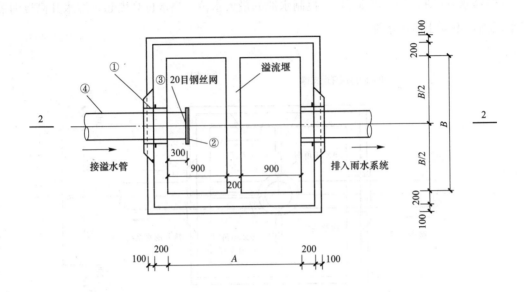

蓄水池溢水井平面图（B型）

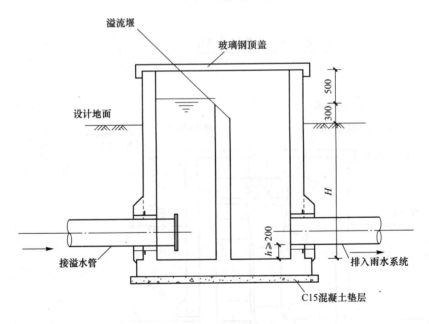

2—2剖面图

图 5-14　溢水井工程图

（7）另外一种情况的水池顶板配筋（图 5-15），将顶板的配筋划分为几个区域，比如边带、中带、柱带，以及由柱带和柱带构成的区域，中带与中带构成的区域和中带与柱带形成的区域，配筋各不相同。

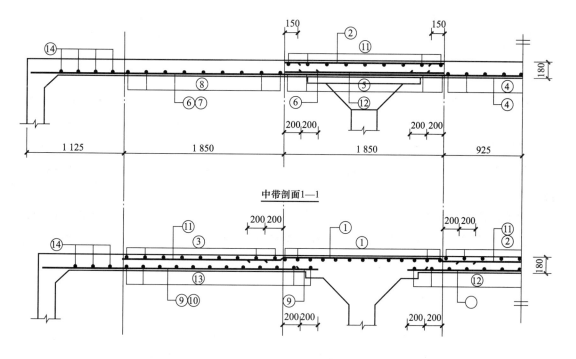

中带剖面1—1

柱带剖面2—2

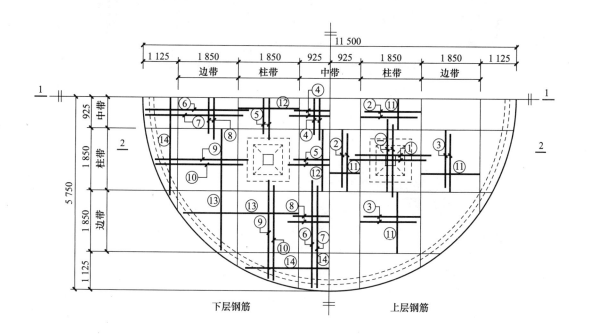

水池顶板钢筋布置图

图 5-15　水池顶板配筋图

5.1.3 知识链接

一、概念及分类

给水排水工程中的贮液池，从用途上可以分为两大类：一类是水处理用池，如沉淀池、滤池、曝气池等；另一类是贮水池，如清水池、高位水池、调节池。前一类池的容量、形式和空间尺寸主要由工艺设计决定；后一类池的容量、标高和水深由工艺设计确定，而池型及尺寸则主要由结构的经济性和场地、施工条件等因素来确定。本学习情境主要以贮水池为例。

水池常用的平面形状为圆形或矩形，其池体结构一般是由池壁、顶盖和底板三部分组成。按照工艺上需不需要封闭，又可分为有顶盖（封闭水池）和无顶盖（开敞水池）两类。给水工程中的贮水池多数是有顶盖的(图 5-16)，而其他池子则多不设顶盖。

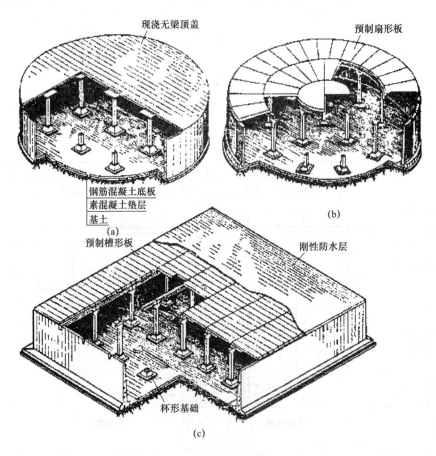

图 5-16　水池形式

(a)采用整体式无梁顶盖的圆形水池；(b)采用装配式扇形板弧形梁顶盖的
装配式预应力圆形水池；(c)采用装配式肋形梁板顶盖的矩形水池

就贮水池来说，实践经验表明，当容量在 3 000 m³ 以内时，一般圆形水池比容量相同的矩形水池具有更好的技术经济指标。圆形水池在池内水压力或池外土压力作用下，池壁在环向处于轴心受拉或轴心受压状态，在竖向则处于受弯状态，受力比较均匀明确。而矩形水池的池壁则为受弯为主的拉弯或压弯构件，当容量在 3 000 m³ 以上时，池壁的长高比将超过 2，主要靠竖向受弯来传递侧压力，因此池壁厚度常比圆形水池大。贮水池的设计水深变化范围不大，一般为 3.5～5.0 m，故容量的增大主要是水池平面尺寸增大。当水池容量超过 3 000 m³ 时，圆形水池的直径将超过 30 m，水压力将使池壁产生过大的环向拉力，此时除非对池壁施加环向预应力，否则将导致过厚的池壁而不经济。对大容量的矩形水池来说，壁厚取决于水深。当水深一定时，水池平面尺寸的扩大不会影响池壁厚度。所以，容量大于 3 000 m³ 的水池，矩形比圆形经济。

经济分析还表明，就每立方米容量的造价、水泥用量和钢材用量等经济指标来说，当水池容量大约在 3 000 m³ 以内时，不论圆形水池或矩形水池，上述各项经济指标都随容量增大而降低；当容量超过约 3 000 m³ 时，矩形水池的各项经济指标基本趋于稳定。

就场地布置来说，矩形水池对场地地形的适应性较强，便于节约用地及减少场地开挖的土方量。在山区狭长地带建造水池以及在城市大型给水工程中，矩形水池的这一优越性具有重要意义。自 20 世纪 80 年代以来，随着水池容量向大型发展，用地矛盾加剧，使矩形水池更加受到重视。例如，北京市水源九厂净配水厂一期工程的调节水池，采用平面尺寸 255.9 m×90.9 m、池高 5 m 的矩形水池，容量达 10.7 万 m³。如果与采用多个万吨级预应力圆形水池达到相同总容量的方案相比较，其节约用地和降低造价的效果都是肯定的。

水池池壁根据其内力大小及其分布情况，可以做成等厚的或变厚的。变厚池壁的厚度按直线变化，变化率以 2％～5％（每米高增厚 20～50 mm）为宜。无顶盖水池壁厚的变化率可以适当加大。现浇整体式钢筋混凝土圆水池容量在 1 000 m³ 以下，可采用等厚池壁；容量为 1 000 m³ 及以上，用变厚池壁较经济。装配式预应力混凝土圆形水池的池壁通常都采用等厚度。

目前，国内除预应力圆水池有采用装配式池壁者外，一般钢筋混凝土圆形水池都采用现浇整体式池壁。矩形水池的池壁绝大多数采用现浇整体式，也有少数工程采用装配整体式池壁。采用装配整体式池壁可以节约模板，使壁板生产工厂化和加快施工进度；缺点是壁板接缝处水平钢筋焊接工作量大，二次混凝土灌缝施工不便，连接部位施工质量难以保证，因此，设计时应特别慎重。

按照建造在地面上下位置的不同，水池又可分为地下式、半地下式及地上式。为了尽量缩小水池的温度变化幅度，降低温度变形的影响，水池应优先采用地下式或半地下式。对于有顶盖的水池，顶盖以上应覆土保温；另一方面，水池的底面标高应尽可能高于地下水位，以避免地下水对水池的浮托作用。当必须建造在地下水位以下时，池顶覆土又是一种最简便、有效的抗浮措施。

二、贮液池的类型及结构形式

贮液池的类型及结构形式如图 5-17 所示。

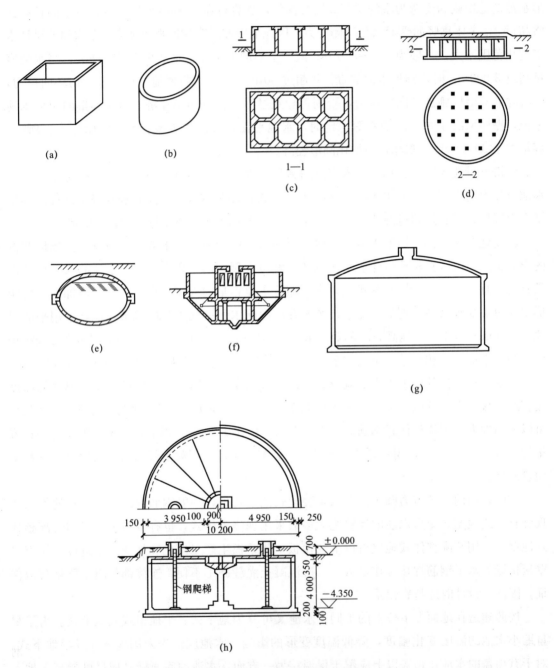

图 5-17　贮液池的类型及结构形成

(a)单格矩形池；(b)无中间支柱圆池；(c)地上多格矩形池；(d)地下多支柱圆池；(e)球壳贮液池；

(f)组合壳贮液池；(g)薄壳顶盖圆池；(h)有支柱装配式顶盖

三、贮液池的材料要求

(1)混凝土用水泥宜采用普通硅酸盐水泥，当考虑冻融作用时，不得采用火山灰质硅酸盐水泥和粉煤灰水泥，受侵蚀介质影响的混凝土，应根据侵蚀性质选用。

(2)混凝土、钢筋的设计指标应按《混凝土结构设计规范(2015年版)》(GB 50010)的规定采用。

(3)混凝土的强度等级不应低于C25。

(4)混凝土的抗渗宜以混凝土本身的密实性满足抗渗要求。混凝土的抗渗等级，应根据试验确定。相应混凝土的集料应选择良好级配，水胶比不应大于0.5。

(5)贮液池的混凝土，当满足抗渗要求时，一般可不作其他抗渗、防腐处理；对接触侵蚀性介质的混凝土，应按现行有关规范或进行专门试验确定防腐措施。

(6)混凝土含碱量最大限值应符合规定。

四、圆形贮液池的构造

1. 初拟尺寸

圆形水池一般高度为3.5～6.0 m。容量为50～500 m³时，高度常取3.5～4.0 m；容量为600～2 000 m³时，高度常取4.0～4.5 m。直径在高度确定后，可由容量推出。池壁厚度主要取决于环向拉力及抗裂要求，从构造要求出发，壁厚不宜小于180 mm，对单层配筋的小水池不宜小于120 mm。顶、底板厚度一般不应小于100 mm，且支座截面应满足：$V \leqslant 0.7 f_t b h_0$，若不满足应增大板厚。

2. 构造要求

(1)构件最小厚度。池壁最小厚度一般不小于180 mm，但采用单面配筋的小型水池池壁，可不小于120 mm。现浇整体式顶板的厚度，当采用肋梁顶盖时，不宜小于100 mm；采用无梁板时，不宜小于120 mm。底板的厚度当采用肋梁底板时，不宜小于120 mm；采用平板或无梁底板时，不宜小于150 mm。

(2)池壁配筋。池壁环向配筋的直径应不小于6 mm，竖向钢筋的直径不小于8 mm，钢筋间距应不小于70 mm，壁厚在150 mm内时，钢筋间距不大于200 mm；壁厚超过150 mm时，不大于1.5倍壁厚。但在任何情况下，钢筋的最大间距不宜超过250 mm。

环向钢筋通常采用焊接或搭接接头，焊接或搭接长度应符合《混凝土结构设计规范(2015年版)》(GB 50010)的规定，且不小于10d或40d(d为钢筋的直径)。

(3)保护层厚度。受力钢筋的最小保护层厚度，对池壁、顶板的钢筋和基础、底板的上层钢筋一般为35 mm；当与污水接触或受水汽影响时，应取35 mm。基础、底板的下层钢筋，当有垫层时为40 mm，无垫层时为70 mm。池内的梁、柱受力钢筋保护层最小厚度为35 mm，当与污水接触或受水汽影响时应取40 mm；梁、柱箍筋与构造钢筋的保护层最小厚度一般为20 mm，当与污水接触或受水汽影响时应取25 mm。

(4)池壁与顶盖和底板的连接构造。池壁两端连接的一般做法如图5-18和图5-19所示。

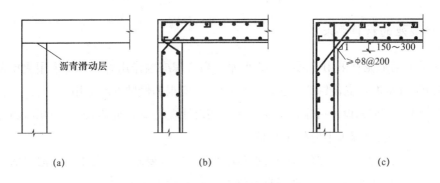

(a)　　　　　　　　(b)　　　　　　　　(c)

图 5-18　池壁与顶板的连接构造

(a)自由；(b)铰接；(c)弹性固定

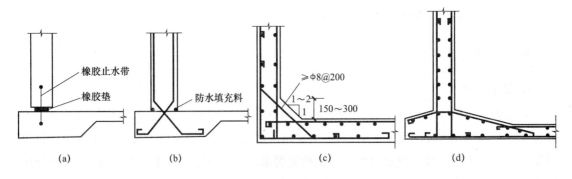

(a)　　　　　　(b)　　　　　　(c)　　　　　　(d)

图 5-19　池壁与底板的连接构造

(a)铰接；(b)铰接；(c)弹性固定；(d)固定

　　池壁和池底的连接是一个比较重要的问题，它既要尽量满足符合计算假定，又要保证足够的抗渗漏能力。一般以采用固定或弹性固定较好。但对于大型水池，采用这两种连接可能使池壁产生过大的竖向弯矩。此外，当地基较弱时，这两种连接的实际工作性能与计算假定的差距可能较大，因此最好采用铰接。图 5-19(a)所示为采用橡胶垫及橡胶止水带的铰接构造，这种做法的实际工作性能与计算假定比较一致，而且防渗漏性能也比较好，但橡胶垫及橡胶止水带必须用抗老化橡胶(如氯丁橡胶)特制。当地基良好，不会产生不均匀沉降时，可不用止水带而只用橡胶垫。图 5-19(b)所示为一种简单的铰接构造，可用于抗渗漏要求不高的水池。

　　(5)地震区水池的抗震构造要求。加强结构的整体稳定性是水池抗震构造措施的基本原则。水池的整体性主要取决于各部分构件之间的连接的可靠程度以及结构本身的刚度和强度。对顶盖有支柱的水池来说，顶盖与池壁的连接是保证水池整体性的关键。因此，当采用预制装配式顶盖时，在每条板缝内应配置不小于 1φ6 钢筋，并用 M10 水泥砂浆灌缝；预制板应通过预埋铁件与大梁焊接，每块板应不少于三个角与大梁焊接在一起。但设防烈度为 9 度时，应在预制板上浇筑混凝土叠合层。钢筋混凝土池壁的顶部也应设置预埋件，以便与顶盖构件通过预埋件相互焊牢。

　　由于柱子是细长构件，对水平地震作用比较敏感，故其配筋适当加强。当设防烈度为

8度时，柱内纵筋的总配筋率不宜小于0.6％，而且在柱两端1/8高度范围内的箍筋应加密且间距不大于100 mm；当设防烈度为9度时，柱内纵筋的总配筋率不宜小于0.8％，而且在柱两端1/6高度范围内的箍筋应加密且间距不大于100 mm；柱与顶盖应连接牢靠。

(6)防渗方法与具体做法。

构件防渗：采用适当的截面厚度，以提高结构的抗渗能力。抗渗混凝土应力求密实，所用水泥不低于32.5级，水泥用量常为300～350 kg/m³，水胶比常为0.5～0.6。

液体作用面的处理：体积比1∶2水泥砂浆抹面，厚度为20 mm，在砂浆中掺入水泥质量的3％～5％防水剂；五层砂浆抹面，如图5-20所示；钢丝网水泥砂浆抹面或贴油毡。

提高结构的抗渗性能对防腐也是有利的，对贮存腐蚀性介质的贮液池内还应根据防腐规范要求作防腐蚀处理。

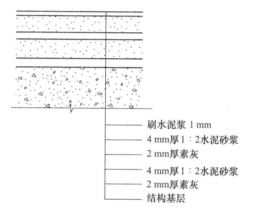

刷水泥浆 1 mm
4 mm厚1∶2水泥砂浆
2 mm厚素灰
4 mm厚1∶2水泥砂浆
2 mm厚素灰
结构基层

图 5-20　五层砂浆抹面防渗

学习单元 5.2　矩形贮液池认识

5.2.1　任务描述

一、工作任务

识读一套矩形贮液池的结构施工图。

1. 工程图纸

图5-21～图5-25所示为某饮料厂的新建调节池平面图，图中水池所采用的材料如下：垫层采用强度等级为C15混凝土，其他钢筋混凝土强度等级均为C25混凝土，钢筋为HPB300级钢筋；水池池壁、底板均采用混凝土自防水；水池内壁、外壁、顶板、底板均做防水砂浆，抹面20 mm厚。

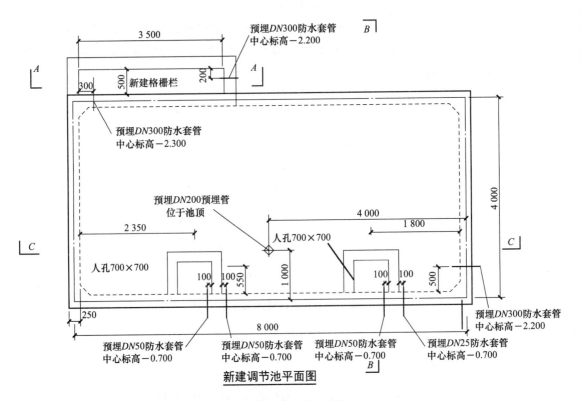

新建调节池平面图

图 5-21 新建调节池工程图(一)

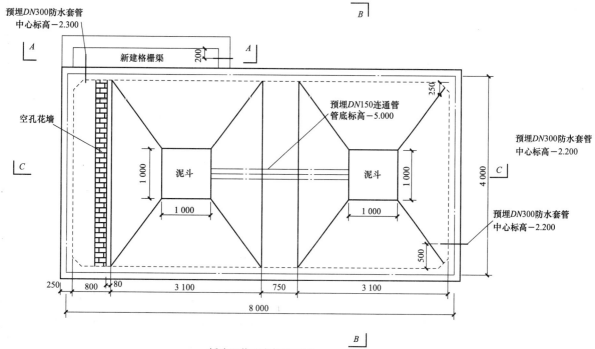

预埋DN300防水套管
中心标高-2.300

空孔花墙

新建格栅渠

预埋DN150连通管
管底标高-5.000

泥斗

泥斗

预埋DN300防水套管
中心标高-2.200

预埋DN300防水套管
中心标高-2.200

250　800　80　　3 100　　750　　3 100

8 000

新建调节池内部平面图

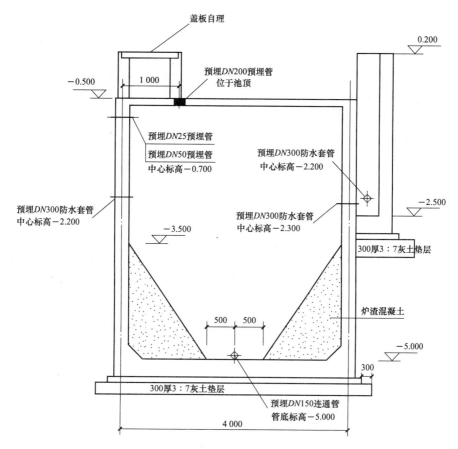

盖板自理

预埋DN200预埋管
位于池顶

预埋DN25预埋管

预埋DN50预埋管
中心标高-0.700

预埋DN300防水套管
中心标高-2.200

预埋DN300防水套管
中心标高-2.200

预埋DN300防水套管
中心标高-2.300

300厚3：7灰土垫层

炉渣混凝土

300厚3：7灰土垫层

预埋DN150连通管
管底标高-5.000

4 000

B—B剖面

图 5-22　新建调节池工程图(二)

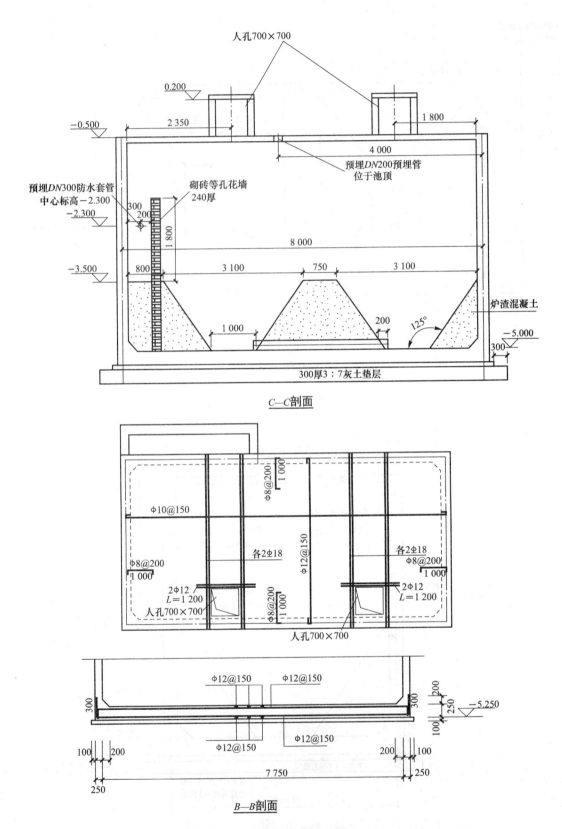

图 5-23　新建调节池工程图(三)

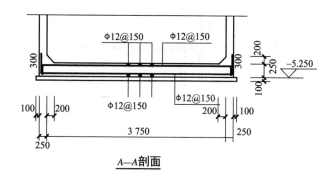

A—A剖面

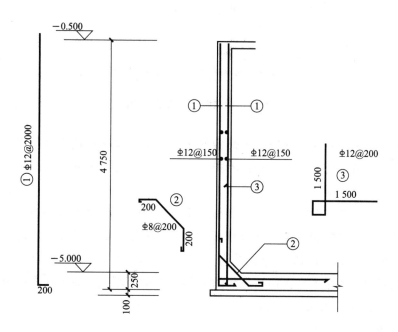

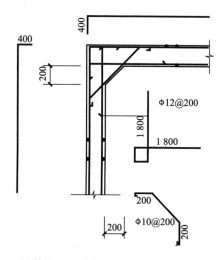

池壁外水平转角处加腋角配筋平面

图 5-24　新建调节池工程图(四)

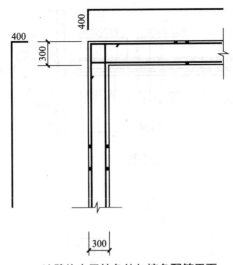

池壁外水平转角处加掖角配筋平面

图 5-25　新建调节池工程图(五)

水池的施工安装与检验均应遵照钢筋混凝土工程施工及质量验收规范进行。混凝土浇筑时，必须切实捣固以防渗水，并加强养护，在混凝土达到规定强度前严格控制，保持表面湿润，避免在拆模前后发生干缩裂缝。

水池钢筋混凝土浇筑时，只允许在底板以上 500 mm 处池壁上设一道水平施工缝，其他部位不得留设施工缝，施工缝处增设钢板止水带。钢筋的锚固长度：除图中标明外均为 HPB300 级钢筋为 $36d$，HRB335 级钢筋为 $42d$，钢筋搭接的接头应互相错开，位于同一截面处的钢筋搭接接头数量不大于钢筋总数的 25%。保护层厚度，池壁迎水面为 30 mm，背水面为 20 mm；底板迎水面为 30 mm，背水面为 50 mm。

2. 具体工作任务

(1)描述圆形贮液池的构造组成。

(2)水池的结构类型，池底、池壁的厚度以及有无顶板，池底标高，水池的深度、池壁的厚度、水池的容量各为多少。

(3)水池的配筋特点，描述池底、池壁的配筋特点，并对应钢筋材料表，正确计算钢筋用量。

二、可选工作手段

蓄水池标准图集、水池设计手册、施工手册等。

5.2.2　案例示范

一、案例分析

本图为钢筋混凝土矩形蓄水池，容量为 200 m³，池顶覆土为 500 mm，适用于贮盛常温、无侵蚀性的水。抗震设防烈度 8 度。用于严寒地区时，应根据气温条件适当采取保温措施。池顶活荷载标准值取 2.0 kN/m²，池边活荷载标准值取 10 kN/m²。

材料要求同圆形蓄水池。

混凝土施工应符合下列要求：

(1)水池混凝土必须按设计要求配置，浇筑时必须振捣密实。

(2)池壁施工缝的位置可以设在以下两处：池壁底端的斜托上部或斜托下部，并避开斜托斜筋。

(3)当水池边长超过 20 m 时，水池混凝土可选用下列方法施工：

1)采用补偿收缩混凝土，限制膨胀率。

2)在水池长度中部，设 1 m 宽的后浇缝，间隔 6 周后，再用 C30 补偿收缩混凝土浇捣。

钢筋施工应符合下列要求：

(1)主筋混凝土保护层厚度：柱为 35 mm，底板顶层、顶板和池壁为 30 mm，顶板下层为 40 mm。

(2)采用焊接接头的钢筋，焊接长度：单面焊不小于 $10d$，双面焊不小于 $5d$，焊接接头应相互错开，并符合《混凝土结构设计规范(2015 年版)》(GB 50010)的相关要求。

(3)采用绑扎搭接接头的钢筋，钢筋搭接除图中注明外，搭接长度应符合《混凝土结构设计规范(2015 年版)》(GB 50010)的相关要求，接头应相互错开，同一连接区段内钢筋接头数量应不大于总数量的 25%。

(4)钢筋遇到孔洞时应尽量绕过，不得截断；如需截断，应与孔洞加固环筋焊接牢固。

二、案例实施

识读矩形贮液池工程图。

1. 总布置图(图 5-26～图 5-28)

本图中，h_1 为顶板厚度，h_2 为底板厚度，h_3 为池壁厚度，导流墙布置可视进出水管位置进行调整，并保证进出水管位置不产生水流短路。导流墙顶距池顶板底为 200 mm，导流墙底部距柱中心 1 575 mm 设 120 mm×120 mm 清扫孔。池底排水坡 $i=0.005$，排向吸水坑。检修孔、水位尺、各种水管管径、根数、平面布置、高程以及吸水坑位置等可按具体工程情况布置。蓄水池溢水管喇叭口溢流边缘高出溢水井溢水堰溢流边缘的高度应不小于200 mm。

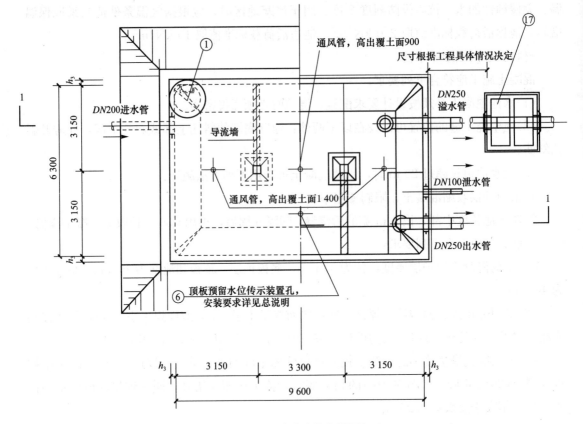

图 5-26　矩形贮液池总布置图(一)

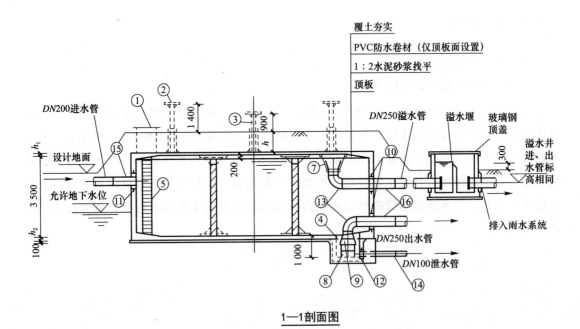

1—1剖面图

图 5-27　矩形贮液池总布置图(二)

工程数量表

编号	名称	规格	材料	单位	数量	备注
①	检修孔	ϕ1 000	—	只	1	—
②	通风帽	ϕ1 100	—	只	3	—
③	通风管	DN200	—	根	3	—
④	吸水坑	E型	—	只	1	—
⑤	爬梯	—		座	1	—
⑥	水位传示仪	水深3 300	—	套	1	—
⑦	水管吊架	—	钢	副	1	—
⑧	喇叭支架	—	钢	只	1	详见国标图集02S403
⑨	喇叭口	DN250×375	钢	只	2	详见国标图集02S403
⑩	刚性防水套管	DN250	钢	只	2	详见图标图集02S404
⑪	刚性防水套管	DN200	钢	只	1	详见图标图集02S404
⑫	刚性防水套管	DN100	钢	只	1	详见图标图集02S404
⑬	钢制弯头	DN250×90°	钢	只	1	详见图标图集02S403
⑭	钢管	DN100	钢	m	3	—
⑮	钢管	DN200	钢	m	2	—
⑯	钢管	DN250	钢	m	7	—
⑰	溢水井	—	—	座	1	—

图5-28 矩形贮液池总布置图(三)

2. 蓄水池顶板配筋图(图 5-29、图 5-30)

钢筋及材料表

构件名称	编号	略图	直径/mm	长度/mm	根数	总长度/m
顶板	①	180 9 940	10	10 300	32	330
	②	180 6 640	10	7 000	97	679
	③	90 140 140 3 320	10	3 690	62	229
	④	180 4 495	10	4 675	62	290
	⑤	180 9 940	10	10 300	32	330
	⑥	180 6 640	10	7 000	97	679

各构件材料用量

钢筋			混凝土
直径/mm	长度/m	质量/kg	C25/m³
10	2 537	1 565	10.1
共计 HRB335 级钢筋(≥Φ10):1 565 kg			

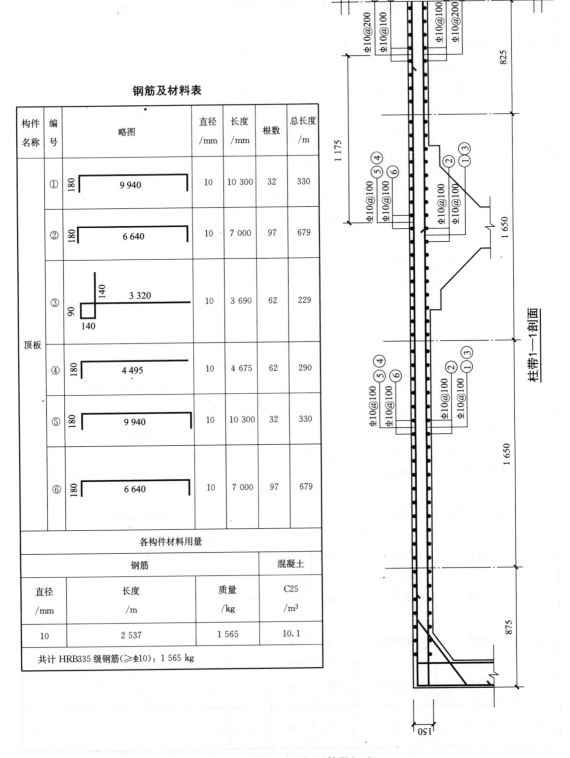

图 5-29 蓄水池顶板配筋图(一)

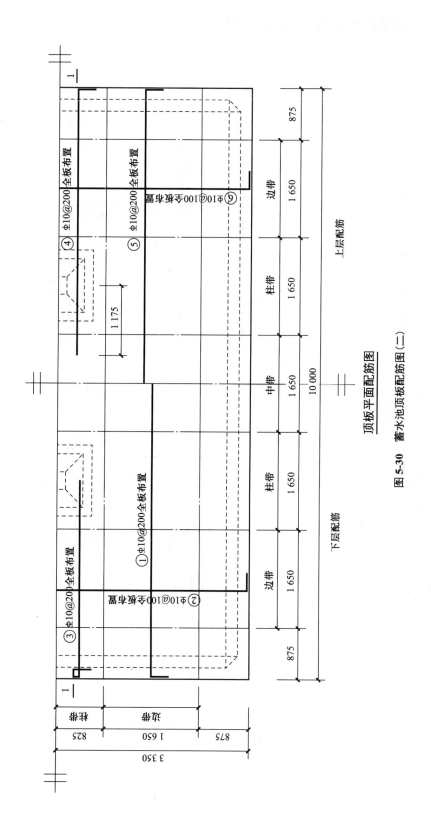

顶板平面配筋图

图 5-30　蓄水池顶板配筋图 (二)

3. 蓄水池底板配筋图(图 5-31、图 5-32)

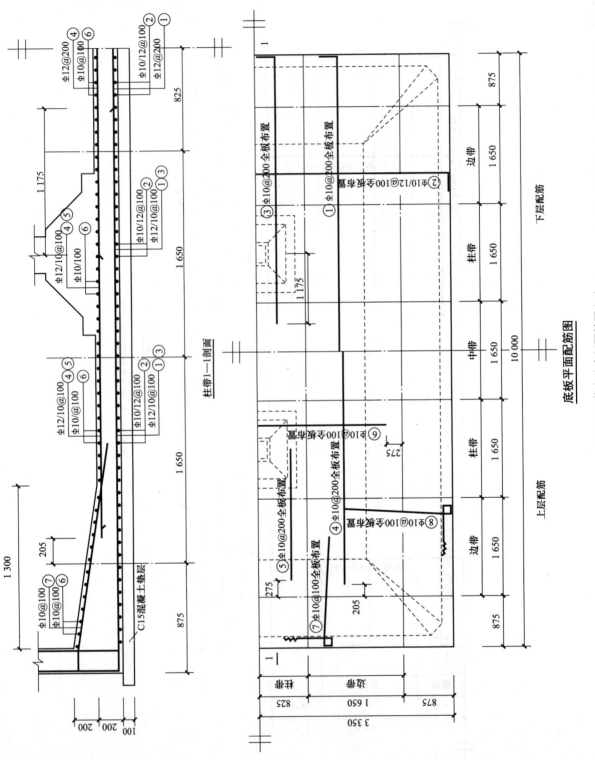

图 5-31　蓄水池底板配筋图(一)

钢筋材料表

构件名称	编号	略图	直径/mm	长度/mm	根数	总长度/m
底板	①	 250 ⌐ 9 940 ⌐	12	10 440	32	334
	②	 (180) 250 ⌐ 6 640 ⌐ (180) 250	(10) 12	(7 000) 7 140	(49) 48	(343) 343
	③	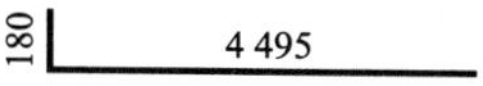 180 ⌐ 4 495	10	4 675	62	290
	④	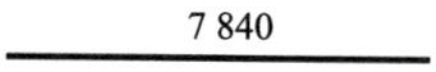 7 840	12	7 840	32	251
	⑤	 2 200	10	2 200	62	136
	⑥	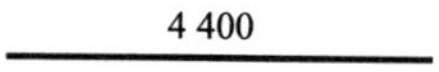 4 400	10	4 400	97	427
	⑥	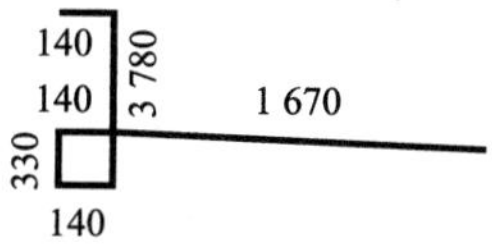 140 140 3 780 1 670 330 140	10	6 200	128	794
	⑥	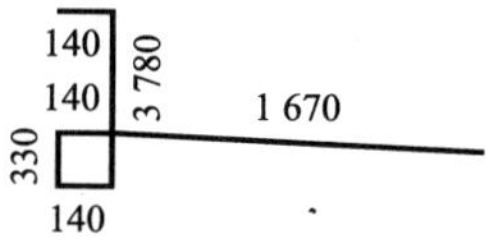 140 140 3 780 1 670 330 140	10	6 200	194	1 203

各构件材料用量

钢筋			混凝土	
直径/mm	长度/m	质量/kg	C25/m³	C15/m³
10	3 193	1 970	13.4	7.0
12	928	824	—	—

共计 HRB335 级钢筋(≥Φ10)：2 794 kg

图 5-32 蓄水池底板配筋图(二)

4. 池壁配筋图(图 5-33)

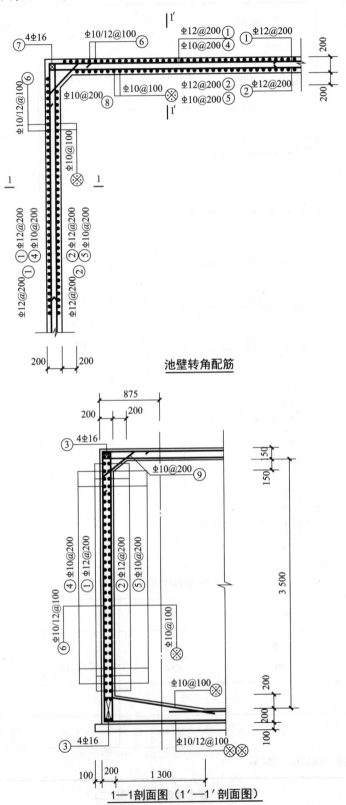

池壁转角配筋

1—1剖面图（1′—1′剖面图）

图 5-33　池壁配筋图

5. 支柱配筋图

支柱的配筋图，可参考圆形贮液池。

5.2.3 知识链接

一、矩形贮液池一般构造要求

矩形水池各部分的截面最小尺寸、钢筋的最小直径、钢筋的最大和最小间距、受力钢筋的保护层厚度等基本构造要求，均与圆形水池相同。

浅池池壁水平构造钢筋的一般要求，对于顶端自由的浅池池壁，除按前述要求配置水平钢筋外，顶部还宜配置水平向加强钢筋，其直径不宜小于池壁竖向受力钢筋的直径，且不小于 12 mm，一般里外两侧各设置 2 根。

池壁的转角以及池壁与底板的连接处，凡按固定或弹性固定设计的，均宜设置腋角，并配置适量的构造钢筋。采用分离式底板时，底板厚度不宜小于 120 mm，常用 150～200 mm，并在底板顶面配置不小于 φ8@200 的钢筋网，必要时在底板底面也应配置，使底板在温湿度变化影响以及地基中存在局部软弱土层时，都不至于开裂。当分离式底板与池壁基础连接成整体时，底板内的钢筋应锚固在池壁基础内。当必须利用底板内的钢筋来抵抗基础的滑移时，其锚固长度应不小于按充分受拉考虑的锚固长度 l_a。当必须设置分隔缝时，应切实保证填缝的不透水性，并可按图 5-34 或类似的方法作辅助排水处理，防止万一漏水时产生渗水压力。

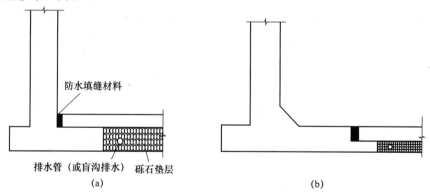

图 5-34　池壁与底板连接处设分隔缝时的做法

(a)分隔缝靠池壁设置；(b)分隔缝在池底设置

二、配筋方式

矩形水池池壁及整体式底板中均采用网状配筋。壁板的配筋原则与双向板的配筋原则相同，但通常只采用分离式配筋。

矩形水池的配筋构造关键在各转角处。图 5-35 所示为池壁转角处水平钢筋布置的几种方式。池壁转角处水平钢筋布置总的原则是钢筋类型要少，避免过多的交叉与重叠，并保证钢筋的锚固长度。特别要注意转角处的内侧钢筋，如果其必须承担池内水压力引起的边缘负弯矩，则其伸入支承边内的锚固长度不应小于 l_a。为了满足这一要求，常常必须将其弯入相邻池壁，此时，应将其伸至受压区即池壁外侧后再进行弯折。如果两相邻池壁的内侧水平钢筋采用连续配筋时，则应采用弯折方式。

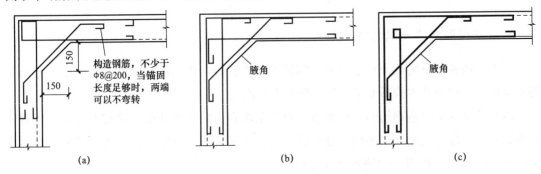

图 5-35 池壁转角处的水平钢筋布置

各部位受力钢筋宜采用直径较小的钢筋配置；每米宽度的墙、板内，受力钢筋不宜少于 4 根，且不超过 10 根。

各构件的水平构造钢筋，应符合：①当构件的截面厚度小于等于 50 cm 时，其里、外侧构造钢筋的配筋百分率均不应小于 0.15%；②当构件的截面厚度大于 50 cm 时，其里、外侧均可按截面厚度 50 cm 配置 0.15% 构造钢筋。

池壁水平钢筋直径一般不小于 6 mm，竖向钢筋直径一般不小于 8 mm，且竖向钢筋一般位于水平钢筋外侧。水平钢筋和竖向钢筋的间距都不小于 70 mm，也不大于 300 mm，水平钢筋还应伸入相邻池壁，伸入的直线长度不小于 200 mm，竖向钢筋应折入底板，折入直线长度不小于 1/3~1/4 的边跨长度。

钢筋混凝土壁的拐角处的钢筋，应有足够的长度锚入相邻的壁内；锚固长度应自壁的内侧表面起算。

池壁角隅处应设水平加强钢筋，如图 5-36 所示，配筋率不小于 0.3%，伸入邻壁长度不小于 1 000 mm。

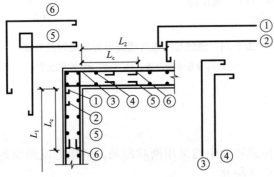

图 5-36 池壁角隅配筋

池壁顶部可以设置加强圈梁(图 5-37)，圈梁常配 4φ12 的环筋，箍筋不少于 φ6@250。

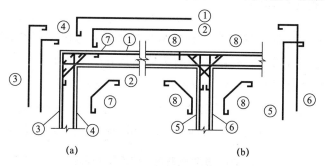

图 5-37　池壁顶部圈梁

(a)角节点；(b)中间节点

矩形池角和壁底交接处有时设腋角以加强连接。对池角处，腋角高度 $c=(0.8\sim1.0)t$（t 为壁厚），倾角常取 45°；对壁底交接处，腋角高度 $c=(0.8\sim1.0)t$（t 为底厚），坡度常取 1∶2～1∶3，如图 5-38 所示。

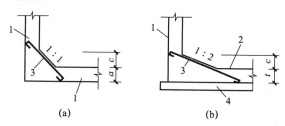

图 5-38　池壁腋角

(a)池壁腋角；(b)壁底腋角

1—池壁；2—底板；3—腋角加筋；4—垫层

钢筋接头构造要求：

(1)对具有抗裂性要求的构件(处于轴心受拉或小偏心受拉状态)，其受力钢筋不应采用非焊接的搭接接头。

(2)受力钢筋的接头应优先采用焊接接头，非焊接的搭接接头应设置在构件受力较小处。受力钢筋的接头位置，应按《混凝土结构设计规范(2015 年版)》(GB 50010)的规定相互错开；如必要时，同一截面处的绑扎钢筋的搭接接头面积百分率可加大到 50%，相应的搭接长度应增加 30%。

池壁和基础的固定连接构造，一般采用图 5-39 所示的形式。

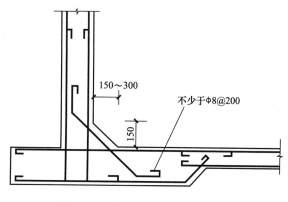

图 5-39　池壁与基础的连接方式

三、伸缩缝的构造处理

水池的伸缩缝必须从顶到底完全贯通。从功能上说，伸缩缝必须满足两个基本要求：保证伸缩缝两侧的温度区段具有充裕的伸缩余地；具有严密的抗漏能力。在符合上述要求的前提下，构造处理和材料的选用要力求经济、耐久、施工方便。

伸缩缝的宽度一般取 20 mm。当温度区段的长度为 30 cm 或更大时，应适当加宽，但最大宽度通常不超过 25 mm。采用双壁式伸缩缝时，缝宽可适当加大。伸缩缝最大间距见表5-1。

表 5-1　矩形贮液池伸缩缝最大间距　　　　　　　　　　　　　　　　m

结构类别	岩基		土基	
	露天	地下式或有保温层	露天	地下式或有保温层
现浇钢筋混凝土结构	15	20	20	30
装配整体式钢筋混凝土结构	20	30	30	40

伸缩缝的做法如图5-40所示，在不与水接触的部分，不必设置止水片，止水片常用金属、橡胶或塑料制品。金属止水片以紫铜或不锈钢片最好，普通钢片易于锈蚀。但前两种材料价格较高，目前用得最多的是橡胶止水带，这种止水带能经受较大的伸缩，在阴暗潮湿的环境中具有很好的耐久性。塑料止水带可用聚氯乙烯或聚丙烯制成，它的伸缩能力不如橡胶，但耐光和耐干燥性好，且具有热烫熔接的优点，造价也较低廉。

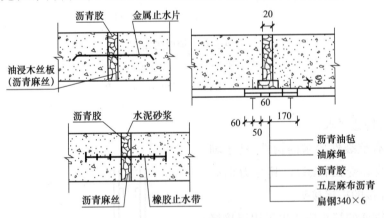

图 5-40　伸缩缝构造

伸缩缝的填缝材料应具有良好的防水性、可压缩性和回弹能力。理想的填缝材料应能压缩到其原有厚度的一半，而在壁板收缩时又能回弹充满伸缩缝，而且最好能预制成板带形式，以便作为后浇混凝土的一侧模板。最好采用不透水的，但浸水后能膨胀的掺木质纤维沥青板，也有用油浸木丝板或聚丙烯塑料板的。封口材料是做在伸缩缝迎水面的不透水韧性材料。封口材料应能与混凝土面粘结牢固，可用沥青类材料加入石棉纤维、石粉橡胶等填料，或采用树脂类高分子合成塑胶材料制成封口带。

当伸缩缝处采用橡胶或塑料止水带，而板厚小于 250 mm 时，为了保证伸缩缝处混凝土的浇筑质量及使止水带两侧的混凝土不至于太薄，应将板局部加厚。加厚部分的板厚以与止水带宽相等为宜，每侧局部加厚的宽度以 2/3 止水带宽度为宜，加厚处应设构造钢筋。

四、抗震构造要求

现浇结构的整体性比较好，对装配式结构主要通过加强节点连接保证结构整体性，例如装配式顶盖与池壁，支柱的连接可采用预埋铁件焊接，预留钢筋进行节点后浇，设置二次整浇层，后浇带等措施。

贮液池角隅（壁与底、壁与顶、壁与壁交接处）在配筋量和构造上都应适当加强。当设防烈度为 8 度或 9 度时，池壁拐角处的里外层水平钢筋配筋率不宜小于 0.3%，伸入两侧池壁内的长度不应小于 1 m。

五、穿管和开洞

（1）穿管处可采用如图 5-41 所示的构造措施。

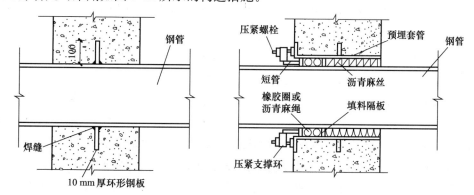

图 5-41　穿管构造

（2）钢筋混凝土贮液池池壁或顶盖开洞构造。当洞口直径或边长小于 300 mm，可把钢筋从洞边弯绕过去；当洞口直径或边长为 300～1 000 mm 时，应在洞边加设加强钢筋，加强钢筋面积不少于被洞口切断钢筋的 75%；对矩形孔口的四周尚应加设斜筋；对圆形孔口还应加设环筋，如图 5-42 所示。当洞口直径或边长大于 1 000 mm 时，应在洞边布置肋梁；当洞口直径或边长大于贮液池壁、板计算跨度的 1/4 时，宜对孔口设置边梁，梁内配筋应按计算确定。

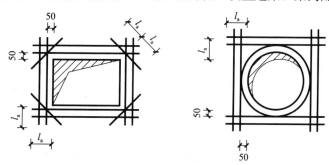

图 5-42　洞边加筋（直径 $d \geqslant 12$ mm）

参 考 文 献

[1] 朱彦鹏．特种结构[S]．3 版．武汉：武汉理工大学出版社，2008．

[2]《简明特种结构设计施工资料集成》编委会．简明特种结构设计施工资料集成[M]．北京：中国电力出版社，2005．

[3] 中华人民共和国国家标准．GB 50051—2013 烟囱设计规范[S]．北京：中国计划出版社，2013．

[4] 中华人民共和国国家标准．GB 50135—2006 高耸结构设计规范[S]．北京：中国建筑工业出版社，2006．

[5] 中华人民共和国国家标准．GB 50010—2010 混凝土结构设计规范（2015 年版）[S]．北京：中国建筑工业出版社，2016．

[6] 中华人民共和国国家标准．GB 50003—2011 砌体结构设计规范[S]．北京：中国建筑工业出版社，2012．

[7] 中华人民共和国国家标准．GB 50017—2013 钢结构设计规范[S]．北京：中国计划出版社，2003．

[8] 中国建筑标准设计研究院．05G212 钢筋混凝土烟囱[S]．北京：中国计划出版社，2006．

[9] 中国建筑标准设计研究院．04G211 砖烟囱[S]．北京：中国计划出版社，2008．

[10] 中国建筑标准设计研究院．08SG213－1 钢烟囱（自立式 30～60 m）[S]．北京：中国计划出版社，2008．

[11] 中国建筑标准设计研究院．04S802－2 钢筋混凝土倒锥壳不保温水塔（150 m³、100 m³）[S]．北京：中国计划出版社，2010．

[12] 中华人民共和国国家标准．GB/T 50102—2014 工业循环水冷却设计规范[S]．北京：中国计划出版社，2015．

[13] 中华人民共和国国家标准．GB 50077—2003 钢筋混凝土筒仓设计规范[S]．北京：中国计划出版社，2004．

[14] 中华人民共和国国家标准．GB 50322—2011 粮食钢板仓设计规范[S]．北京：中国计划出版社，2012．

[15] 中国工程建设标准化协会．CECS138：2002 给水排水工程钢筋混凝土水池结构设计规范[S]．北京：中国计划出版社，2003．

[16] 中国建筑标准设计研究院．04S803 圆形钢筋混凝土蓄水池[S]．北京：中国计划出版社，2007．

[17] 中国建筑标准设计研究院．05S804 矩形钢筋混凝土蓄水池[S]．北京：中国计划出版社，2007．